JN098939

科目免除者用

受かる 乙種

ブラインドシート付

第1・2・3・5・6類 危険物取扱者 合格問題集

中野裕史 著

電気書院

[本書の正誤に関するお問い合せ方法は，最終ページをご覧ください]

はじめに

すべての類の危険物を取り扱える危険物取扱者になるには，甲種危険物取扱者試験に合格すればよいのであるが，それには大学の化学関係の学科卒業等の受験資格が必要となり，また内容も乙種第４類よりも高度になります．学歴がなくてもすべての類の危険物を取り扱うには，危険物第１類から第６類すべてに合格することが必要です．まず**乙種第４類**を取得し，その後　第１，２，３，５，６類へ向かうことが一番の近道です．

それは乙種第４類に合格しさえすれば，他の類を受験する場合，**「法令」と「物理・化学」の２科目の免除**が受けられ，**「性質・消火」10問**のみの解答をして，そのうち６問正解すればよいということになるからです．さらに**２つの類を同時に受験**することも可能となります．（（参考）３つの類を同時に受験できる県も少しあります．）

よって乙種第４類に合格後，残り３回の受験で全類取得が可能となります．例として，１類と６類，２類と５類，３類のように受験すれば全類になります．しかし確実にとっていきたいという方で，１類，２類，３類，５類，６類と１つずつ受験して，５回でとる方もみえます．

本書の特徴

本書は乙種第４類に合格し，乙種全類合格を目指す方々に使っていただければと思い，制作した問題集です．

●構成

各類約60問，計300問用意しました．構成は**分野別**で，おおよその内容は次のようになっています．

問１―□「危険物第１～６類の一般的性状」　㊟□**には整数が入る**

問２―□「受験する類の共通性状」

問３―□，**問４**―□「貯蔵・取扱い，火災予防，消火の方法」

問５―□　**以降**，「各物品の性状」

同じような問題を続けて解くことで理解を深めることができます．

●問題と解答

見開きで左ページに問題を，右ページに解答を載せ，距離を離すことで答えがすぐに見えないようにし，また解説が右ページにあるため，解答ページを探す必要もなく，効率よく勉強できるようにしました．また下敷き等で右ページを隠せば，安心して答えを考えることができます．

●解説の内容

解説はできるだけ詳しくして，**その問題はその解説で完結できるようにしました**（**1問1完結**）．同じような解説が何度も登場することもあります．何度も登場し，それを読むことで，記憶によく残るようになります．また**分子式，構造式**もあらわし，しっかり理解したい方のために用意しました．さらに**反応式**も極力あらわし，**発生する物質（ガス等）の根拠**になるようにしました．**ただし反応式自体は出題されないため，書けるようにする必要はありません．**

さらに化学式が苦手な方は，物質名（名前）だけ覚えて学習してもよいです．

●その他

各類の問1—□「危険物第1類から第6類までの一般的性状」は各類共通であるので，受けない類であっても，勉強しておくと，より効果的であります．

以上　読者が危険物乙種全類を取得できるように祈念し，著者の言葉といたします．

著者　しるす

content——受かる乙種第1・2・3・5・6類危険物取扱者合格問題集

受験案内

[試験の期日]

乙種第１・２・３・５・６類の試験は，同一日に行われます．東京都の場合，毎月行われていますが，他の道府県では年に数回実施されています．試験の期日，願書の受付期間等は，都道府県によってまちまちですから，受験を希望する都道府県の一般財団法人消防試験研究センター各支部等に，前もって問い合わせて確認しておくことが大切です．

[受験申請に必要な書類等]

◎**受験願書**：受験案内，受験願書及び試験手数料振込用紙等は，（一財）消防試験研究センター各支部等及び都道府県によっては，消防署の窓口に用意されています．受験を希望する都道府県の（一財）消防試験研究センター各支部へ問い合わせて，間違いのないようにしてください．

◎**写　　真**：受験日前６か月以内に撮影した無帽，無背景，正面上三分身像の縦 4.5 cm，横 3.5 cm の枠なしで鮮明なもの．

◎**受験手数料**：乙種危険物取扱者試験の受験料は，4,600 円です．合格者はこのほかに免状交付の手数料として 2,900 円が必要です．（令和５年５月１日現在）

[受験地の制限]

自宅，勤務先の都道府県のほか，日本全国どこの県でも受験ができます．

[受験手続き]

都道府県によって違いますから，受験を希望する都道府県の受験案内をよく読んで，間違いのないようにしてください．

◎**受験票の送付**：受験票は試験日の約１週間前までに郵送されます．

[試験科目]

初めて乙種危険物取扱者試験を受験する場合の試験科目と問題数は，下記のとおりです．

(1)　危険物に関する法令……………………………… 15 問
(2)　基礎的な物理学及び基礎的な化学……………… 10 問

(3) 危険物の性質並びにその火災予防及び消火の方法… 10 問

以上，合計 35 問です．

すでに乙種第 4 類危険物取扱者免状を有する方は，上記試験科目の(1)及び(2)の全部が免除されますので，希望する類について，(3)だけを受験すればよいことになります．

[試験時間]

前記(3)の 10 問題の解答時間は，35 分間です．同一日に 2 種類受験の場合は 70 分間です．

[試験の方法]

試験は，乙種第 4 類と同様，筆記試験で行われ，マークカード方式です．

出題は五肢択一式となっています．

[合格の基準]

前記(3)について 60%以上正解すると合格となります．

[試験の問い合わせ先]

以下に，各都道府県の（一財）消防試験研究センター等，試験の問い合わせ先を紹介します．受験に当たっては，前もって確認をしておくことが大切です．

支部名	TEL	郵便番号	所在地
本部	03-3597-0220	100-0013	千代田区霞が関 1-4-2 大同生命霞が関ビル 19 階
北海道支部	011-205-5371	060-8603	札幌市中央区北 5 条西 6-2-2 札幌センタービル 12 階
青森県支部	017-722-1902	030-0861	青森市長島 2-1-5 みどりやビルディング 4 階
岩手県支部	019-654-7006	020-0015	盛岡市本町通 1-9-14JT 本町通ビル 5 階
宮城県支部	022-276-4840	981-8577	仙台市青葉区堤通雨宮町 4-17 県仙台合同庁舎 5 階
秋田県支部	018-836-5673	010-0001	秋田市中通 6-7-9 秋田県畜産会館 6 階
山形県支部	023-631-0761	990-0041	山形市緑町 1-9-30 緑町会館 6 階
福島県支部	024-524-1474	960-8043	福島市中町 4-20 みんゆうビル 2 階
茨城県支部	029-301-1150	310-0852	水戸市笠原町 978-25 茨城県開発公社ビル 4 階
栃木県支部	028-624-1022	320-0032	宇都宮市昭和 1-2-16 県自治会館 1 階
群馬県支部	027-280-6123	371-0854	前橋市大渡町 1-10-7 群馬県公社総合ビル 5 階
埼玉県支部	048-832-0747	330-0062	さいたま市浦和区仲町 2-13-8 ほまれ会館 2 階
千葉県支部	043-268-0381	260-0843	千葉市中央区末広 2-14-1 ワクボビル 3 階
中央試験センター	03-3460-7798	151-0072	渋谷区幡ヶ谷 1-13-20
神奈川県支部	045-633-5051	231-0015	横浜市中区尾上町 5-80 神奈川中小企業センタービル 7 階
新潟県支部	025-285-7774	950-0965	新潟市中央区新光町 10-3 技術士センタービルⅡ 7 階

富山県支部	076-491-5565	939-8201	富山市花園町 4-5-20 県防災センター 2 階
石川県支部	076-264-4884	920-0901	金沢市彦三町 2-5-27 名鉄北陸開発ビル 7 階
福井県支部	0776-21-7090	910-0003	福井市松本 3 丁目 16-10 福井県福井合同庁舎 5 階
山梨県支部	055-253-0099	400-0026	甲府市塩部 2-2-15 湯村自動車学校内
長野県支部	026-232-0871	380-0837	長野市大字南長野字幅下 667-6 長野県土木センター 1 階
岐阜県支部	058-274-3210	500-8384	岐阜市薮田南 1-5-1 第 2 松波ビル 1 階
静岡県支部	054-271-7140	420-0034	静岡市葵区常磐町 1-4-11 杉徳ビル 4 階
愛知県支部	052-962-1503	460-0001	名古屋市中区三の丸 3-2-1 愛知県東大手庁舎 6 階
三重県支部	059-226-8930	514-0002	津市島崎町 314 島崎会館 1 階
滋賀県支部	077-525-2977	520-0806	大津市打出浜 2-1 コラボしが 21　4 階
京都府支部	075-411-0095	602-8054	京都市上京区出水通油小路東入丁子風呂町 104-2 京都府庁西別館 3 階
大阪府支部	06-6941-8430	540-0012	大阪市中央区谷町 1-5-4 近畿税理士会館・大同生命ビル 6 階
兵庫県支部	078-385-5799	650-0024	神戸市中央区海岸通 3 番地　シップ神戸海岸ビル 14 階
奈良県支部	0742-32-5119	630-8115	奈良市大宮町 5-2-11 奈良大宮ビル 5 階
和歌山県支部	073-425-3369	640-8137	和歌山市吹上 2-1-22 日赤会館 6 階
鳥取県支部	0857-26-8389	680-0011	鳥取市東町 1-271 鳥取県庁第 2 庁舎 8 階
島根県支部	0852-27-5819	690-0886	松江市母衣町 55 番地　島根県林業会館 2 階
岡山県支部	086-227-1530	700-0824	岡山市北区内山下 2-11-16 小山ビル 4 階
広島県支部	082-223-7474	730-0013	広島市中区八丁堀 14-4JEI 広島八丁堀ビル 9 階
山口県支部	083-924-8679	753-0072	山口市大手町 7-4　KRY ビル 5 階（県庁前）
徳島県支部	088-652-1199	770-0943	徳島市中昭和町 1-3 山一興業ビル 4 階
香川県支部	087-823-2881	760-0066	高松市福岡町 2-2-2 香川県産業会館 4 階
愛媛県支部	089-932-8808	790-0011	松山市千舟町 4-5-4 松山千舟 454 ビル 5 階
高知県支部	088-882-8286	780-0823	高知市菜園場町 1-21 四国総合ビル 4 階 401 号
福岡県支部	092-282-2421	812-0034	福岡市博多区下呉服町 1-15 ふくおか石油会館 3 階
佐賀県支部	0952-22-5602	840-0826	佐賀市白山 2-1-12 佐賀商工ビル 4 階
長崎県支部	095-822-5999	850-0032	長崎市興善町 6-5 興善町イーストビル 5 階
熊本県支部	096-364-5005	862-0976	熊本市中央区九品寺 1-11-4 熊本県教育会館 4 階
大分県支部	097-537-0427	870-0034	大分市都町 1-2-19 大分都町第一生命ビルディング 5 階
宮崎県支部	0985-22-0239	880-0805	宮崎市橘通東 2-7-18 大淀開発ビル 4 階
鹿児島県支部	099-213-4577	890-0064	鹿児島市鴨池新町 6-6 鴨池南国ビル 3 階
沖縄県支部	098-941-5201	900-0029	那覇市旭町 116-37 自治会館 6 階

（2023 年 4 月現在）

[消防試験研究センターのホームページアドレス]

https://www.shoubo-shiken.or.jp

各支部ごとの試験日，受験願書受付期間など紹介されていますので，各自アクセスして，ご確認下さい．

乙種各類の試験内容について

1. 集合時間：試験開始 30 分前

試験開始 30 分前から問題用紙と，解答用紙が配布され，試験に関する諸注意が話される．遅れないようにしなければならない．問題用紙は 1 冊にまとめられている．第 4 類の性質の問題は載っていない．

このうち受験する類のみ解答すればよい．**乙4合格者であれば2科目(「法令」と「物理・化学」) が免除となる**ので，受験する類の「**性質・消火**」のみ解答をすればよい.「**性質・消火」は各類 10 問**である． 2 科目同時に受験すれば 20 問となる．

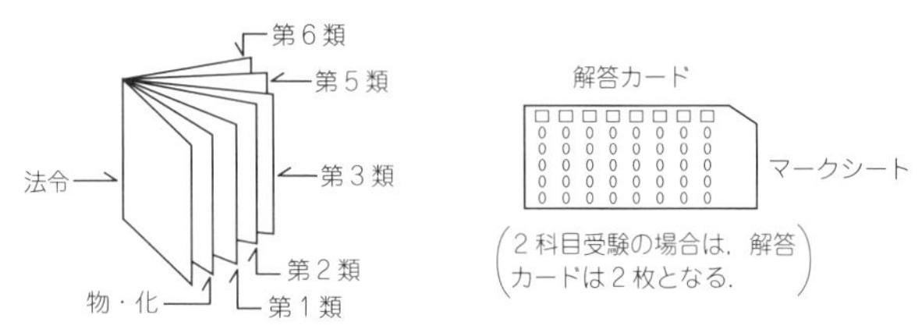

2. 試験時間

1 科目受験は 35 分， 2 科目受験は 1 時間 10 分である．（ただし科目免除がない場合は 2 時間）

3. 性質・消火の試験問題の構成はおおよそ次のようになっている．（全 10 問）

問 1：**第 1 類から第 6 類の危険物の一般的性状**について

（例，**第 2 類**を受験する場合は，その類を除いた**第 1 ， 3 ， 4 ， 5 ， 6 類**について問われる．）

問 2． **受験する類に共通する性状**について

（例，**第 2 類**を受験する場合は，**第 2 類**の危険物の共通性状について問われる．）

問 3，問 4：受験する類の危険物の**貯蔵・取扱いの方法**（ 2 問）

問 5，問 6：受験する類の危険物**火災予防及**(およ)**び消火方法**（ 2 問）

問 7，問 8，問 9，問 10：**受験する類**の危険物の**個々の性状**（ 4 問）

（例，**第 2 類**を受験する場合は，**第 2 類**の危険物のうち **4 物品**がとりあげられ，その性状について問われる．）

※問 2 が問 6 の位置にくることもある．

問 1 と問 2 は必ず正解しておきたい！

要点解説

危険物取扱者試験で必要な周期表

族／周期	1A	2A	3A	4A	5A	6A	7A	8	
	アルカリ金属	アルカリ土類金属							
1	1 H 水素 1.008								
2	3 Li リチウム 6.941	4 Be ベリリウム 9.012							
3	11 Na ナトリウム 22.99	12 Mg マグネシウム 24.31							
4	19 K カリウム 39.10	20 Ca カルシウム 40.08	21 Sc スカンジウム 44.96	22 Ti チタン 47.87	23 V バナジウム 50.94	24 Cr クロム 52.00	25 Mn マンガン 54.94	26 Fe 鉄 55.85	27 Co コバルト 58.93
5	37 Rb ルビジウム 85.47	38 Sr ストロンチウム 87.62	39 Y イットリウム 88.91	40 Zr ジルコニウム 91.22	41 Nb ニオブ 92.91	42 Mo モリブデン 95.96	43 Te テクネチウム 99	44 Ru ルテニウム 101.1	45 Rh ロジウム 102.9
6	55 Cs セシウム 132.9	56 Ba バリウム 137.3	57-71 ランタノイド	72 Hf ハフニウム 178.5	73 Ta タンタル 180.9	74 W タングステン 183.8	75 Re レニウム 186.2	76 Os オスミウム 190.2	77 Ir イリジウム 192.2
7	87 Fr フランシウム 223	88 Ra ラジウム 226	89-103 アクチノイド						
	典型元素		遷移元素						

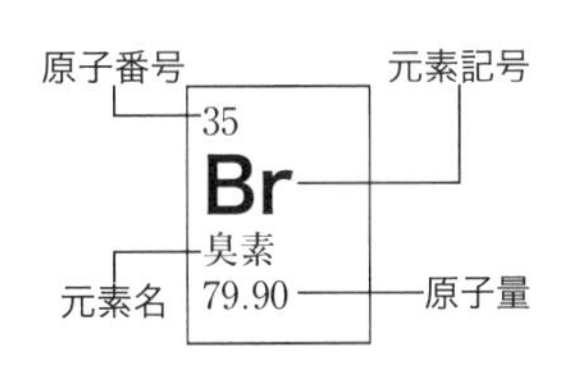

	1B	2B	3B	4B	5B	6B	7B	0
							ハロゲン族元素	希ガス族元素
								2 **He** ヘリウム 4.003
			5 **B** ホウ素 10.81	6 **C** 炭素 12.01	7 **N** 窒素 14.01	8 **O** 酸素 16.00	9 **F** フッ素 19.00	10 **Ne** ネオン 20.18
			13 **Al** アルミニウム 26.98	14 **Si** ケイ素 28.09	15 **P** リン 30.97	16 **S** イオウ 32.07	17 **Cl** 塩素 35.45	18 **Ar** アルゴン 39.95
28 **Ni** ニッケル 58.69	29 **Cu** 銅 63.55	30 **Zn** 亜鉛 65.38	31 **Ga** ガリウム 69.72	32 **Ge** ゲルマニウム 72.64	33 **As** ヒ素 74.92	34 **Se** セレン 78.96	35 **Br** 臭素 79.90	36 **Kr** クリプトン 83.80
46 **Pd** パラジウム 106.4	47 **Ag** 銀 107.9	48 **Cd** カドミウム 112.4	49 **In** インジウム 114.8	50 **Sn** スズ 118.7	51 **Sb** アンチモン 121.8	52 **Te** テルル 127.6	53 **I** ヨウ素 126.9	54 **Xe** キセノン 131.3
78 **Pt** 白金 195.1	79 **Au** 金 197.0	80 **Hg** 水銀 200.6	81 **Tl** タリウム 204.4	82 **Pb** 鉛 207.2	83 **Bi** ビスマス 209.0	84 **Po** ポロニウム 210	85 **At** アスタチン 210	86 **Rn** ラドン 222
		典型元素						

試験によく出る第１～６類危険物の性質一覧表

類別	性質	品　名	該当する物品	
第1類	酸化性固体	1. 塩素酸塩類	塩素酸カリウム	$KClO_3$
			塩素酸ナトリウム	$NaClO_3$
			塩素酸アンモニウム	NH_4ClO_3
		2. 過塩素酸塩類	過塩素酸カリウム	$KClO_4$
			過塩素酸ナトリウム	$NaClO_4$
			過塩素酸アンモニウム	NH_4ClO_4
		3. 無機過酸化物	過酸化カリウム	K_2O_2
			過酸化ナトリウム	Na_2O_2
			過酸化カルシウム	CaO_2
			過酸化マグネシウム	MgO_2
			過酸化バリウム	BaO_2
		4. 亜塩素酸塩類	亜塩素酸ナトリウム	$NaClO_2$
		5. 臭素酸塩類	臭素酸カリウム	$KBrO_3$
		6. 硝酸塩類	硝酸カリウム	KNO_3
			硝酸ナトリウム	$NaNO_3$
			硝酸アンモニウム	NH_4NO_3
		7. ヨウ素酸塩類	ヨウ素酸ナトリウム	$NaIO_3$
			ヨウ素酸カリウム	KIO_3
		8. 過マンガン酸塩類	過マンガン酸カリウム	$KMnO_4$
			過マンガン酸ナトリウム	$NaMnO_4$
		9. 重クロム酸塩類	重クロム酸アンモニウム	$(NH_4)_2Cr_2O_7$
			重クロム酸カリウム	$K_2Cr_2O_7$
		10. その他政令で定めるもの	過ヨウ素酸ナトリウム	$NaIO_4$
			三酸化クロム	CrO_3
			二酸化鉛	PbO_2
			亜硝酸ナトリウム	$NaNO_2$
			次亜塩素酸カルシウム	$Ca(ClO)_2$
			ペルオキソ二硫酸カリウム	$K_2S_2O_8$
			ペルオキソホウ酸アンモニウム	NH_4BO_3
			炭酸ナトリウム過酸化水素付加物（かさんかすいそふかぶつ）（過炭酸（かたんさん）ナトリウム）	$2Na_2CO_3 \cdot 3H_2O_2$

類別	性質	品　　名	該当する物品
第2類	可燃性固体	1. 硫化リン	三硫化四リン（三硫化リン）　P_4S_3 五硫化二リン（五硫化リン）　P_2S_5 七硫化四リン（七硫化リン）　P_4S_7
		2. 赤リン（P）	
		3. 硫黄（S）	
		4. 鉄粉（Fe）	
		5. 金属粉	アルミニウム粉　（Al） 亜鉛粉　（Zn）
		6. マグネシウム（Mg）	
		7. 引火性固体	固形アルコール ゴムのり ラッカーパテ

類別	性質	品　　名	該当する物品
第3類	自然発火性物質及び禁水性物質	1. カリウム（K）	
		2. ナトリウム（Na）	
		3. アルキルアルミニウム	トリエチルアルミニウム　$(C_2H_5)_3Al$
		4. アルキルリチウム	ノルマルブチルリチウム　$(C_4H_9)Li$
		5. 黄リン（P）	
		6. アルカリ金属（カリウム及びナトリウムを除く）及びアルカリ土類金属	リチウム　（Li） カルシウム　（Ca） バリウム　（Ba）
		7. 有機金属化合物（アルキルアルミニウム及びアルキルリチウムを除く）	ジエチル亜鉛　$(C_2H_5)_2Zn$
		8. 金属の水素化物	水素化ナトリウム　（NaH） 水素化リチウム　（LiH）

第3類		9. 金属のリン化物	リン化カルシウム (Ca_3P_2)
		10. カルシウム又はアルミニウムの炭化物	炭化カルシウム (CaC_2) 炭化アルミニウム (Al_4C_3)
		11. その他政令で定めるもの	トリクロロシラン ($SiHCl_3$)

類別	性質	品　　名	該当する物品
第4類（参考）	引火性液体	1. 特殊引火物	ジエチルエーテル，二硫化炭素，アセトアルデヒド，酸化プロピレン
		2. 第1石油類	ガソリン，ベンゼン，トルエン，酢酸エチル，メチルエチルケトン，アセトン，ピリジン，ジエチルアミン
		3. アルコール類	メタノール，エタノール
		4. 第2石油類	灯油，軽油，クロロベンゼン，キシレン，酢酸，プロピオン酸，アクリル酸
		5. 第3石油類	重油，アニリン，ニトロベンゼン，グリセリン
		6. 第4石油類	ギヤー油，シリンダー油
		7. 動植物油類	ヤシ油，アマニ油

類別	性質	品　　名	該当する物品
第5類	自己反応性物質	1. 有機過酸化物	過酸化ベンゾイル [$(C_6H_5CO)_2O_2$] エチルメチルケトンパーオキサイド （メチルエチルケトンパーオキサイドともいう.） 過酢酸 (CH_3COOOH)
		2. 硝酸エステル類	硝酸メチル (CH_3NO_3) 硝酸エチル ($C_2H_5NO_3$) ニトログリセリン [$C_3H_5(ONO_2)_3$] ニトロセルロース
		3. ニトロ化合物	ピクリン酸 [$C_6H_2(NO_2)_3OH$] トリニトロトルエン [$C_6H_2(NO_2)_3CH_3$]
		4. ニトロソ化合物	ジニトロソペンタメチレンテトラミン [-N = O がある]

<table>
<tr><td rowspan="6">第5類</td><td rowspan="6">自己反応性物質</td><td>5. アゾ化合物</td><td>アゾビスイソブチロニトリル
[-N = N-がある]</td></tr>
<tr><td>6. ジアゾ化合物</td><td>ジアゾジニトロフェノール
[= N_2 がある]</td></tr>
<tr><td>7. ヒドラジンの誘導体</td><td>硫酸ヒドラジン （$NH_2NH_2 \cdot H_2SO_4$）</td></tr>
<tr><td>8. ヒドロキシルアミン</td><td>ヒドロキシルアミン （NH_2OH）</td></tr>
<tr><td>9. ヒドロキシルアミン塩類</td><td>硫酸ヒドロキシルアミン $H_2SO_4 \cdot (NH_2OH)_2$
塩酸ヒドロキシルアミン $HCl \cdot NH_2OH$</td></tr>
<tr><td>10. その他政令で定めるもの</td><td>アジ化ナトリウム （NaN_3）
硝酸グアニジン （$CH_6N_4O_3$）</td></tr>
</table>

<table>
<tr><th>類別</th><th>性質</th><th>品　名</th><th>該当する物品</th></tr>
<tr><td rowspan="4">第6類</td><td rowspan="4">酸化性液体</td><td>1. 過塩素酸</td><td>過塩素酸 （$HClO_4$）</td></tr>
<tr><td>2. 過酸化水素</td><td>過酸化水素 （H_2O_2）</td></tr>
<tr><td>3. 硝酸</td><td>硝酸 （HNO_3）
発煙硝酸 （HNO_3）</td></tr>
<tr><td>4. ハロゲン間化合物</td><td>三フッ化臭素 （BrF_3）
五フッ化臭素 （BrF_5）
五フッ化ヨウ素 （IF_5）</td></tr>
</table>

第１類から第６類危険物の概論（※４類は除く）

■第１類の危険物

法別表第１の第１類の項に掲げる物品で，**酸化性固体**の性状を有するもの．

A　第１類危険物の共通性状

１．共通特性

・大部分は，**無色の結晶**または**白色の粉末**である．

・一般に不燃性物質で，他の物質を酸化する酸素を含有する．

・加熱，衝撃，摩擦等により分解して酸素を放出するため，周囲の可燃物の燃焼を著しく促する．**酸素供給体（強酸化剤）**の役目をする．

・一般に，可燃物，有機物その他酸化されやすい物質との混合物は，**加熱，衝撃，摩擦などにより爆発する危険性**がある．

・**潮解性を有するもの**は，木材，紙などに染み込み，**乾燥した場合は爆発**の危険がある．

・**アルカリ金属の過酸化物**及びこれらを含有するものは，**水と反応して酸素と熱を発生**する．

２．共通の火災予防の方法

・**摩擦，衝撃**などを与えない．

・**火気**または**加熱**などを避ける．

・**強酸類との接触**を避ける．

・**可燃物，有機物**その他酸化されやすい物質との**接触を避ける**．

・**密封**して**冷暗所**に貯蔵する．

・潮解しやすいものは，**湿気に注意**する．

・水と反応して酸素を放出する**アルカリ金属の過酸化物**及びこれらを含有するものは，**水との接触**を避ける．

３．共通の消火の方法

・消火には酸化性物質の分解を抑制することが必要で，**一般的には大量の水で冷却し，分解温度以下**に下げることで可燃物の燃焼を抑制する．ただし水と反応して酸素を放出するアルカリ金属の過酸化物等の火災には，**初期の段階では，炭酸水素塩類等を使用する粉末消火器または乾燥砂**等

を用い，**中期以降は大量の水**を周囲の可燃物に注水して，延焼防止を行う.

B 品名ごとの性状

(1) 塩素酸塩類

塩素酸（$HClO_3$）の水素原子が，金属または他の陽イオンと置き換わった形の化合物の総称.

① 塩素酸カリウム（$KClO_3$）

性　状	無色，光沢の結晶，比重 2.3，融点 368 ℃ 強い酸化剤，水には溶けにくいが熱水には溶ける.
危険性と火災予防	加熱すると約 **400 ℃**で塩化カリウム（KCl）と過塩素酸カリウム（$KClO_4$）に**分解**し，さらに加熱すると過塩素酸カリウムが分解して酸素（O_2）を放出する. 少量の強酸の添加により爆発する. 異物の混入を防ぐ必要がある. **アンモニア，塩化アンモニウム**等との反応で，不安定な塩素酸塩を生成し，**自然爆発**することがある.
消火方法	**注水により消火するのが一番よい**（注水により分解温度以下に冷却し，酸素の発生を抑制し消火する）.

※以降，危険性と火災予防は「危険性」と略記することがある. またそれぞれを分けて「危険性」「火災予防」と略記することがある.
※消火方法は「消火」と略記することがある.

② 塩素酸ナトリウム（$NaClO_3$）

性　状	無色の結晶，比重 2.5，融点 248～261 ℃，潮解性あり，水，アルコールに溶ける. 約 **300 ℃**で**分解**して，酸素を発生する. $2NaClO_3 \rightarrow 2NaCl + 3O_2$
危険性と火災予防	塩素酸カリウムとほぼ同じ. **潮解したものが木，紙等に染み込み，これが乾燥すると衝撃・摩擦・加熱により爆発の危険がある.** 潮解性があるため容器の密栓，密封には特に注意する.

※消火方法は塩素酸カリウムの消火方法に準ずる.

③ 塩素酸アンモニウム（NH_4ClO_3）

性　状	無色の結晶，比重 2.4，融点 380 ℃ **100 ℃**以上に加熱されると**分解**して爆発することがある． 水には溶けるが，アルコールには溶けにくい．
危険性と火災予防	塩素酸カリウムとほぼ同じ． 不安定で常温においても爆発することがあるので，長く保存できない．

※消火方法は塩素酸カリウムの消火方法に準ずる．

④ 塩素酸バリウム（$Ba(ClO_3)_2$）

性　状	無色の粉末，比重 3.2，融点 414 ℃ 250 ℃付近から分解を始め酸素を発生する． 水に溶けるが，塩酸，エタノール，アセトンには溶けにくい．
危険性と火災予防	塩素酸カリウムとほぼ同じ． 急な加熱または衝撃を加えると爆発する．

※消火方法は塩素酸カリウムの消火方法に準ずる．

(2) 過塩素酸塩類（かえんそさんえんるい）

過塩素酸（$HClO_4$）の水素原子が，金属または他の陽イオンと置き換わった形の化合物の総称．塩素酸塩類よりは安定している．**リン，硫黄（いおう），木炭（もくたん）粉末その他可燃物と混合しているときは急激な燃焼を起こし，場合によっては爆発する．**

① 過塩素酸カリウム（$KClO_4$）

性　状	無色の結晶，比重 2.52，融点 610 ℃，強い酸化剤， 水に溶けにくい，潮解性なし
危険性と火災予防	加熱すると約 400 ℃で**酸素を発生する．** $KClO_4 \rightarrow KCl + 2O_2$ 危険性は塩素酸カリウムよりやや低い． 火災予防の方法は塩素酸カリウムに準ずる．

※消火方法は塩素酸カリウムの消火方法に準ずる．

② 過塩素酸ナトリウム（$NaClO_4$）

性　状	無色の結晶，比重2.03，融点482℃，潮解性あり 水によく溶ける．エタノール，アセトンにも溶ける． 200℃以上で分解して，**酸素を発生する**． $NaClO_4 \rightarrow NaCl + 2O_2$

※危険性と火災予防の方法及び消火方法は塩素酸カリウムに準ずる．

③ 過塩素酸アンモニウム（NH_4ClO_4）

性　状	無色の結晶，比重2，潮解性なし 水，エタノール，アセトンに溶けるが，エーテルには溶けない． 約150℃で分解して，**酸素を発生する**．400℃で急激に分解して発火することがある．
危険性	塩素酸カリウムよりやや危険である．

※火災予防・消火方法は塩素酸カリウムに準ずる．

(3) 無機過酸化物（むきかさんかぶつ）

無機化合物のうちO_2^{2-}（過酸化物イオン）を有する酸化物の総称で，Na，K等のアルカリ金属およびMg，Ba等のアルカリ土類（どるい）金属の化合物である．アルカリ金属の無機過酸化物は，**水と激しく発熱反応**して分解し，多量の酸素を発生するが，アルカリ土類（どるい）金属の無機過酸化物は，アルカリ金属の無機過酸化物より水との反応による危険性は低い．**加熱すると分解して酸素を発生する**．

① 過酸化カリウム（K_2O_2）

性　状	**オレンジ色の粉末**，比重2.0，融点490℃，潮解性あり 吸湿性強い，加熱すると融点以上で分解して**酸素を発生する**． $2K_2O_2 \rightarrow 2K_2O + O_2$ 水と作用して熱と酸素を発生し，水酸化カリウム（KOH）を生ずる．　$2K_2O_2 + 2H_2O \rightarrow 4KOH + O_2$
危険性と火災予防	有機物，可燃物または酸化されやすいものと混在すると衝撃，加熱などにより発火・爆発の危険がある． 水分の浸入を防ぐよう容器は密栓（みっせん）する．
消火方法	注水は避け，乾燥砂などをかける．

② 過酸化ナトリウム（Na_2O_2）

性　状	純粋なものは**白色**であるが普通は黄白色の粉末，比重 2.9，**融点 460 ℃**，吸湿性が強い 加熱すると約 **660 ℃**で**分解**し，**酸素を発生する**. 水と作用して熱と酸素を発生し，水酸化ナトリウム（NaOH）を生ずる.

※危険性と火災予防の方法及び消火方法は過酸化カリウムに準ずる.

③ 過酸化カルシウム（CaO_2）

性　状	無色の粉末，水に溶けにくいが，酸には溶ける. アルコール，ジエチルエーテルに溶けない.
危険性と火災予防	**275 ℃**以上に加熱すると爆発的に**分解**し**酸素を発生する**. 希酸類に溶けて過酸化水素を生ずる. 容器は密栓する.

※消火方法は過酸化カリウムに準ずる.

④ 過酸化マグネシウム（MgO_2）

性　状	無色の粉末 加熱すると酸素を発生し，酸化マグネシウム（MgO）となる. $2MgO_2 \rightarrow 2MgO + O_2$ 湿気または水の存在下で酸素を発生する.
危険性と火災予防	酸に溶けて過酸化水素を生ずる．水と反応して酸素を発生する．容器は密栓する. 有機物などと混合し加熱または摩擦すると爆発の危険がある.

※消火方法は過酸化カリウムに準ずる.

⑤ 過酸化バリウム（BaO_2）

性　状	灰白色の粉末，比重 4.96，融点 450 ℃，水に溶けにくい. アルカリ土類金属の過酸化物のうち最も安定である.
危 険 性	酸と反応して過酸化水素を生ずる．熱湯との反応で酸素を発生する.

※火災予防・消火方法は過酸化カリウムに準ずる.

(4) 亜塩素酸塩類

亜塩素酸（$HClO_2$）の水素原子が金属又は他の陽イオンと置き換わった形のもの.

① 亜塩素酸ナトリウム（$NaClO_2$）

性　状	無色の結晶性粉末，融点180～200 ℃，吸湿性あり，水に溶ける. 加熱すると分解して酸素を発生し，塩素酸ナトリウムと塩化ナトリウムに変化する. $NaClO_2 \rightarrow O_2 + NaClO_3 + NaCl$（係数省略） 二酸化塩素（$ClO_2$）を発生するため特異な刺激臭がある
危険性と火災予防	直射日光や紫外線で徐々に分解し，強酸と混合すると二酸化塩素（ClO_2）を発生し，分解・爆発する危険がある. 還元性物質や有機物などと混合するとわずかな刺激で発火爆発するおそれがある.
消火方法	多量の水により消火する.

(5) 臭素酸塩類

臭素酸（$HBrO_3$）の水素原子が，金属または他の陽イオンと置き換わった形の化合物の総称.

臭素酸カリウム（$KBrO_3$）

性　状	無色無臭の結晶性粉末，比重3.3，融点350 ℃ 水に溶けるが，アルコールに溶けにくい．アセトンには溶けない.
危険性と火災予防	**370 ℃で分解**を始め，酸素（O_2）と臭化カリウム（KBr）を生じる. 衝撃により爆発することがある．有機物と混合したものはさらに危険性が高い. 加熱，衝撃，摩擦を避ける．有機物等の混入や接触を避ける.
消火方法	注水により消火する.

(6) 硝酸塩類

硝酸（HNO_3）の水素原子が，金属または他の陽イオンと置き換わった形の化合物の総称．**吸湿性**をもつものが多く，水によく溶ける．加熱すると分解して酸素を発生する．

①硝酸カリウム（KNO_3）

性　状	無色の結晶，比重2.1，融点339℃，水によく溶ける， 吸湿性なし **黒色火薬（硝酸カリウム，硫黄，及び木炭の混合物）の原料**である．
危険性と火災予防	衝撃により爆発することがある．有機物と混合したものはさらに危険性が高い．
消火方法	加熱，衝撃，摩擦を避ける．有機物等の混入や接触を避ける．注水により消火する．

②硝酸ナトリウム（$NaNO_3$）

性　状	無色の結晶，比重2.25，融点306.8℃，潮解性あり， 水によく溶ける． 加熱すると380℃で分解し，酸素を発生する．

※危険性と火災予防の方法及び消火方法は硝酸カリウムに準ずる．

③硝酸アンモニウム（NH_4NO_3）

性　状	無色の結晶または結晶性粉末，比重1.8，融点169.6℃， 吸湿性あり，水によく溶ける．メタノール，エタノールにも溶ける． 約**210℃**で**分解**し一酸化二窒素（N_2O）と水を生じ，さらに強く熱すると爆発的に分解する． アルカリ性の物質と反応して，アンモニア（NH_3）を放出する． 肥料，火薬の原料である． 金属粉と混合したものは，加熱衝撃により発火，爆発する． （参考）令和2年に中東のヨルダンの首都ベイルートで，硝酸アンモニウムの倉庫が大爆発する事故が起きた．

※危険性と火災予防の方法及び消火方法は硝酸カリウムに準ずる．

(7) ヨウ素酸塩類

ヨウ素酸（HIO_3）の水素原子が，金属または他の陽イオンと置き換わった形の化合物の総称．

① ヨウ素酸ナトリウム（$NaIO_3$）

性　状	無色の結晶，比重 4.3 水によく溶けるが，エタノールには溶けない． 加熱により分解し，酸素を発生する．

※危険性と火災予防の方法及び消火方法は硝酸カリウムに準ずる．

② ヨウ素酸カリウム（KIO_3）

性　状	無色の結晶，比重 3.9，**融点 560 ℃**， 水に溶けるが，エタノールには溶けない． 加熱により分解し，酸素を発生する．

※危険性と火災予防の方法及び消火方法は硝酸カリウムに準ずる．

(8) 過マンガン酸塩類

過マンガン酸（$HMnO_4$）の水素原子が，金属または他の陽イオンと置き換わった形の化合物．硝酸塩類より危険性は少ないが，強酸化剤である．

① 過マンガン酸カリウム（$KMnO_4$）

性　状	赤紫色，金属光沢の結晶，比重 2.7，融点 240 ℃ 水によく溶け濃い紫色を呈する． 約 **200 ℃**で**分解**し酸素を発生する．
危険性と火災予防	硫酸を加えると，爆発の危険性がある． 可燃物，有機物と混合したものは加熱，衝撃，摩擦等により爆発の危険がある．
消火方法	注水により消火する．

② 過マンガン酸ナトリウム（$NaMnO_4$）

性　状	赤紫色の粉末，比重 2.5，潮解性あり，水に溶けやすい． 170 ℃で分解して，酸素を発生する．

※危険性と火災予防の方法及び消火方法は過マンガン酸カリウムに準ずる．

(9) 重クロム酸塩類

重クロム酸（$H_2Cr_2O_7$）の水素原子が，金属または他の陽イオンと置き換わった形の化合物.

① 重クロム酸アンモニウム（$(NH_4)_2Cr_2O_7$）

性　状	橙黄色の結晶，比重 2.2，融点 185 ℃ エタノールにはよく溶け，水にも溶ける. 約 **185 ℃**で**分解**し**窒素**を発生する. …(注)酸素ではない.
危険性	可燃物と混合した状態では，加熱または摩擦により発火または爆発を起こす危険性がある.
消火方法	注水により消火する.

② 重クロム酸カリウム（$K_2Cr_2O_7$）

性　状	橙赤色の結晶，比重 2.69，融点 398 ℃ エタノールには溶けないが，水には溶ける. **500 ℃**以上で**分解**し**酸素**を発生する.

※危険性と火災予防の方法および消火方法は重クロム酸アンモニウムに準ずる.

(10) その他政令で定めるもの

① 過ヨウ素酸ナトリウム（$NaIO_4$）……過ヨウ素酸塩類の代表的なもの.

性　状	白色の結晶または粉末，比重 3.87，融点 300 ℃
危険性	約 300 ℃で分解し酸素を発生する. 水に溶ける. 可燃物と混合した状態では，加熱・衝撃・摩擦により発火又は爆発を起こす危険性がある.
消火方法	注水により消火する.

② 過ヨウ素酸（HIO_4・$2H_2O$）

性　状	白色の結晶または結晶性粉末，潮解性あり 加熱すると 110 ℃で昇華し始め 138 ℃で酸素を放出し，五酸化二ヨウ素 I_2O_5 と水になる.

※危険性・消火方法等は過ヨウ素酸ナトリウムと同じである.

③三酸化クロム（CrO_3）

性　状	暗赤色の針状結晶，比重2.7，融点196℃，潮解性が強い． 水，希エタノールなどに溶ける． 約250℃で分解し酸素を発生する．
危険性	有毒で，水を加えると強い酸になる． アルコール，ジエチルエーテル，アセトンなどと接触すると爆発的に発火することがある．
消火方法	容器は鉛などを内張りした金属容器を用いる． 注水により消火する．

④二酸化鉛（PbO_2）

性　状	黒褐色の粉末，比重9.4，融点290℃，水，アルコールに溶けない．多くの酸やアルカリに溶ける．
危険性	有毒である．光分解や加熱により，酸素を発生する． 塩酸と熱すると塩素を発生する．
消火方法	注水により消火する．

⑤亜硝酸ナトリウム（$NaNO_2$）……亜硝酸塩類の代表的なものである．

性　状	白色または淡黄色の固体，比重2.1，融点271℃，吸湿性あり． 水によく溶け，水溶液はアルカリ性を示す． 酸により分解し，三酸化二窒素（N_2O_3）を発生する．
危険性	可燃物と混合されていると発火することがある．アンモニア塩類又はシアン化合物の混合物は爆発の危険性がある．
消火方法	注水により消火する．

⑥**次亜塩素酸カルシウム**（$Ca(ClO)_2$）……次亜塩素酸塩類の代表的なものである．高度さらし粉とも言う．

性　　状	白色の粉末，比重 2.4，融点 100 ℃，吸湿性あり 空気中の水分と二酸化炭素により次亜塩素酸 HClO を遊離するため，強い塩素臭がある． 150 ℃以上で分解し，酸素を発生する．また酸によっても分解する． 水と反応して塩化水素（HCl）と酸素（O_2）を発生する． **プールの消毒**に使用される．
危険予防	可燃物，還元剤等の混合物は爆発の危険性がある．容器は密栓する．
消火方法	注水により消火する．

⑦**三塩素化イソシアヌル酸**（$C_3N_3O_3Cl_3$）……白色の粒状または錠剤

※性状・危険性・消火方法等は第１類の共通性状等と同じである．

⑧**ペルオキソ二硫酸カリウム**（$K_2S_2O_8$）

性　　状	白色の結晶または粉末，比重 2.5，融点 195 ℃ **100 ℃以上**に加熱されると酸素を放出して**分解**する． 水にはわずかに溶け，熱水には溶ける．

※危険性・火災予防，消火方法等は第１類の共通性状と同じである．

⑨**ペルオキソホウ酸アンモニウム**（NH_4BO_3）

性　　状	無色の結晶，加熱すると約 50 ℃でアンモニアを放出し，さらに加熱すると酸素を放出する．

※危険性・消火方法等は第１類の共通性状と同じである．

⑩**炭酸ナトリウム過酸化水素付加物**（$2Na_2CO_3 \cdot 3H_2O_2$）……「過炭酸ナトリウム」と略記される．H25 年から新しく第１類に追加された．（よく出題される．）

性　　状	白色の粉末，熱分解すると酸素を放出する．**酸素漂白剤**，**台所洗剤**，**配管洗浄剤**などの成分である．

危険性と火災予防	不燃性であるが，熱分解によって生じた酸素（O_2）は可燃物の燃焼を助ける． 貯蔵容器はアルミニウム製や亜鉛製のものを用いない． 容器は密栓し冷暗所に保管する．
消火方法	注水して消火する．

■第2類の危険物

法別表(ほうべっぴょう)第1の第2類の項に掲(かか)げる物品で，**可燃性固体**の性状を有するもの．

A 第2類危険物の共通性状

1．共通特性

・いずれも**可燃性の固体**である．

・一般に**比重は1より大きい**．

・一般には**水には溶けない**．

・比較的**低温で着火しやすい可燃性物質**で，**燃焼が速く**，**有毒のもの**，あるいは，燃焼のとき**有毒ガスを発生するもの**がある．

・一般に，**酸化剤との接触または混合・打撃**などにより**爆発**する危険がある．

・**酸化されやすく**，燃えやすい物質である．

・微粉状のものは，空気中で**粉(ふん)じん爆発(ばくはつ)**を起こしやすい．

> ※粉(ふん)じん爆発の対策
> ①火気を避ける．②換気を十分行い，濃度を燃焼範囲未満にする．
> ③電気設備は防爆構造(ぼうばくこうぞう)にする．④静電気の蓄積を防止する．
> ⑤粉塵を扱う装置には，不燃性ガスを封入する．⑥粉(ふん)じんの堆積(たいせき)を防止する．

2．共通の火災予防の方法

・**炎**，**火花**，若(も)しくは**高温体**との接触を避ける．

・**酸化剤**との接触または混合を避ける．

・冷暗所に貯蔵する．

・**防湿(ぼうしつ)**に注意し，**容器は密封**する．

・鉄粉，金属粉(きんぞくふん)およびマグネシウム並びにこれらのいずれかを含有するものは**水または酸との接触**を避ける.
- 引火性固体（固形アルコールなど）はみだりに**蒸気を発生させない**.

3. 共通の消火の方法

- 水と接触して発火し，または有毒ガスや可燃性ガスを発生させる物品（**金属粉**など）は，**乾燥砂などで窒息消火する**.
- 上記以外の物品（赤リン，硫黄等）は**水，強化液，泡等の水系の消火剤で冷却消火**するか，または**乾燥砂**などで**窒息消火**する.
- 引火性固体（固形アルコール，ゴムのり，ラッカーパテなど）は泡，粉末，二酸化炭素，ハロゲン化物により窒息消火する.

B 品名ごとの性状等

(1) 硫化リン

リン（P）と硫黄（S）の組成比により三硫化リン，五硫化リン，七硫化リンなどがある．有毒な物質である.

① 三硫化リン（P_4S_3）……正式名は「三硫化四リン」である.

性　状	黄色の結晶，比重 2.03，融点 172.5 ℃，沸点 407 ℃，**発火点 100 ℃** 水とはわずかに反応する．二硫化炭素，ベンゼンに溶ける.
危険性	**100 ℃で発火の危険性**がある．摩擦熱，小炎でも発火の危険性がある. 熱湯と反応して有毒で可燃性の**硫化水素（H_2S）を発生**する.
火災予防	酸化剤と混在すると，発火することがあるから注意する. 火気や衝撃，摩擦を避け，水分と接触させない. 容器に収納し，密栓しておく. 通風および換気のよい冷暗所に貯蔵する.
消火の方法	乾燥砂または不活性ガスにより窒息消火する. **水は消火効果があるが，反応して有毒な可燃性の硫化水素**（H_2S）を発生するので，使用は避ける.

② 五硫化リン（P_2S_5）……正式名は「五硫化二リン」である.

性　状	淡黄色の結晶，比重 2.09，融点 290.2 ℃，沸点 514 ℃，**発火点** 287 ℃（約 **300 ℃**），二硫化炭素に溶ける.
危 険 性	水と反応して徐々に分解し，有毒で可燃性の**硫化水素**（H_2S）を発生する.

※火災予防の方法・消火方法は三硫化リンに準ずる.

③ 七硫化リン（P_4S_7）……正式名は「七硫化四リン」である.

性　状	淡黄色の結晶，比重 2.19，**融点 310 ℃**，沸点 523 ℃ 二硫化炭素にわずかに溶ける. 冷水には徐々に，熱水には速やかに反応して分解する.

(2) 赤リン（P）

第 3 類の黄リン（P）を窒素（N_2）の中で 250 ℃付近で数時間熱してつくられる．**マッチの側薬の原料**に使用される.

性　状	赤褐色の粉末，比重 2.1～2.3，融点 600 ℃，**発火点 260 ℃**，臭気なし，毒性なし，水にも二硫化炭素（CS_2）にも溶けない. **400 ℃**で**昇華**する．**260 ℃**で発火し，酸化リン（五酸化二リン）となる.
危険性と火災予防	**粉塵爆発することがある.** 酸化剤（特に塩素酸塩等）との混合を避ける．火気は近づけないようにする. 容器に収容し，密栓して冷暗所に貯蔵する.
消火方法	注水して冷却消火する.

(3) **硫黄（S）**……硫化水素（H_2S）を原料としてつくられる．

性　状	黄色の固体，比重1.8，**融点115℃**，沸点445℃ 水には溶けないが，二硫化炭素（CS_2）には溶ける． **青い炎を出して燃える．** エタノール，ジエチルエーテル，ベンゼンにわずかに溶ける． 約360℃で発火し，二酸化硫黄（SO_2）を発生する．黒色火薬や硫酸の原料になる．
危険性と火災予防	**粉塵爆発することがある．** 酸化剤と混ぜたものは，加熱，衝撃等で発火する． 塊状の硫黄は麻袋，わら袋等に詰めて貯蔵できる．粉状の硫黄は**クラフト紙袋または麻袋**に詰めて貯蔵できる．
消火方法	**融点が低いので，燃焼の際は流動**することがあるので，**水と土砂等**を用いて消火する．

(4) **鉄粉（Fe）**

性　状	灰白色の金属結晶，比重7.9，**融点1535℃**，沸点2750℃ 酸に溶けて水素を発生するが，**アルカリには溶けない．**
危険性と火災予防	**油の染み込んだ切削屑などは自然発火**することがある． 加熱または火の接触により発火する危険がある． 貯蔵する際は湿気を避け，容器に密封する．
消火方法	乾燥砂などで窒息消火する．

(5) **金属粉**

消防法では，アルカリ金属，アルカリ土類金属，鉄，およびマグネシウム以外の金属の粉をいう．一般に金属は燃えない．しかし**粉状**にすれば，酸化表面積の増大，熱伝導率が小さくなることから燃えやすくなる．

① アルミニウム粉（Al）

性　状	銀白色の粉末，比重2.7，**融点660℃**，沸点2450℃ 水とは徐々に反応する．酸，アルカリとは速やかに反応して水素を発生する．（**両性元素**）

危険性と火災予防	粉末は着火しやすく，いったん着火すれば激しく燃焼する．**空気中の水分およびハロゲン元素と接触すると自然発火**することがある． 容器は湿気を避け密栓する．
消火方法	**乾燥砂**などで窒息消火する，または金属火災用消火剤を用いる．**注水は厳禁**である．

② 亜鉛粉（Zn）

性　状	灰青色の粉末，比重7.1，**融点**419.5℃（約**420℃**），沸点907℃ 徐々に空気中の水分，酸，アルカリと反応し，水素を発生する．このように酸にもアルカリにも反応して水素を発生する元素を両性元素という．

※危険性と火災予防の方法及び消火方法はアルミニウム粉に準ずる．

(6) マグネシウム（Mg）

性　状	銀白色の粉末，比重1.7，融点649℃，沸点1 105℃ 通常の乾いた空気中では酸化は進行しないが，湿った空気中では速やかに光沢を失う．
危険性と火災予防	粉末やフレーク状のものは危険性が大きい． **点火すると白光を放ち激しく燃焼**し，酸化マグネシウム MgO を生ずる． **高温では窒素と反応し，窒化マグネシウム Mg_3N_2 を生ずる．** $3Mg + N_2 \rightarrow Mg_3N_2$ 空気中で吸湿すると発熱し，自然発火することがあるので容器は密栓する． 水とは徐々に反応し，熱水および希薄な酸とは速やかに反応して水素を発生する．
消火方法	**乾燥砂**などで窒息消火する，または金属火災用粉末消火剤を用いる．**注水は厳禁**である．

(7) 引火性固体

固形アルコールその他 1 気圧において引火点が 40 ℃未満のもの．**常温で可燃性蒸気を発生し，引火性を有する**．

① 固形アルコール

性　状	乳白色（にゅうはくしょく）のゲル状（ゼリー状）．メタノールまたはエタノールを凝固剤（ぎょうこざい）で固めたもので，アルコールと同様の臭気（しゅうき）がする．**密閉しないとアルコールが蒸発する．**
危険性と火災予防	40 ℃未満で可燃性蒸気を発生するため引火しやすい．容器に入れて，密封して貯蔵する．
消火方法	泡，二酸化炭素，粉末の消火剤が有効である．

② ゴムのり

性　状	ゲル状（ゼリー状）の固体．生ゴムを石油系溶剤（ベンゼン等）に溶かしてつくられる接着剤である．引火点は 10 ℃以下．
危険性と火災予防	常温以下で可燃性蒸気を発生する．容器に入れて，密封して貯蔵する．

※消火方法は固形アルコールに準ずる．

③ ラッカーパテ

性　状	ゲル状（ゼリー状）の固体，**引火点 10 ℃，発火点 480 ℃** ラッカー系の下地（したじ）修正塗料であり，トルエン等を成分としてつくられる．
危険性と火災予防	燃えやすい固体．蒸気が滞留すると爆発することがある．容器に入れて，密封して貯蔵する．

※消火方法は固形アルコールに準ずる．

■第3類の危険物

法別表第1の第3類の項に掲げる物品で**自然発火性物質**または**禁水性物質**の性状を示すもの．

A 第3類危険物の共通性状

1．共通特性

- 空気または水と接触することによって，直ちに危険性が生ずる．
- 自然発火性（空気中での発火の危険性）のみを有している物品，あるいは，禁水性（水と接触して発火または可燃性ガスを発生する危険性）のみを有している物品もあるが，**ほとんどのものは自然発火性および禁水性の両方の危険性**を有している．

2．共通の火災予防の方法

- 禁水性の物品は，**水との接触**を避ける．
- 自然発火性の物品は，**空気との接触**を避ける．
- 自然発火性の物品は，**炎，火花，高温体との接触**または**加熱**を避ける．
- 容器は密封し，破損または腐食に注意する．
- 冷暗所に貯蔵する．
- 保護液に保存する物品（具体的にはナトリウム，カリウム，黄リン等が該当する）は，保護液の減少等に注意し，危険物が**保護液から露出しない**ようにする．

3．共通の消火の方法

- **乾燥砂，膨張ひる石**（バーミキュライト），**膨張真珠岩**（パーライト）は，**すべての第3類の危険物**の消火に使用できる．
- **禁水性物質は，水，泡等の水系の消火薬剤は使用できない**．したがって**禁水性物質の消火**には**炭酸水素塩類等を用いた粉末消火薬剤**を用いる．
- 禁水性物品以外の物品（黄リン等の自然発火性のみの性状を有する物品）の消火には水，強化液，泡等の水系の消火薬剤を使用することができる．

B 品名ごとの性状

⑴ **カリウム**……周期表1族元素のアルカリ金属である.

性　　状	銀白色の軟らかい金属，比重0.86，**融点**63.2℃（約**64℃**），沸点770℃，吸湿性あり 空気中の水分と反応して水素を発生する. ハロゲン元素と激しく反応する. （例）　$2K + Br_2 \rightarrow 2KBr$ 高温で水素と反応する. 融点以上に熱すると，紫色の炎を出して燃える. **金属材料を腐食する.** ナトリウムより強い還元作用を示す.
危険性と火災予防	水と作用して発熱するとともに水素を発生し発火する.（**発生した水素とカリウム自体が燃える.** $2K + 2H_2O \rightarrow 2KOH + H_2$ $4K + O_2 \rightarrow 2K_2O$（代表的な反応式） **触れると皮膚をおかす.** 長時間空気に触れると自然発火して燃焼し，火災を起こすおそれがある. **保護液（灯油，流動パラフィン等）の中に小分けして貯蔵する.** 保護液から露出しない.
消火方法	乾燥砂などで覆い消火する．注水は絶対に避ける.

⑵ **ナトリウム**……カリウムと同じ周期表1族元素のアルカリ金属である.

性　　状	銀白色の軟らかい金属，比重0.97，**融点**97.8℃（約**98℃**），沸点881.4℃ 水と激しく作用して水素と熱を発生する. 融点以上に熱すると，黄色い炎を出して燃える. $4Na + O_2 \rightarrow 2Na_2O$（酸化ナトリウム） その他カリウムに準ずるが，反応性はやや劣る.
危険性と火災予防	水と作用して発熱するとともに水素を発生し発火する.（**発生した水素とナトリウム自体が燃える.**） その他カリウムと同じである.

※消火方法はカリウムの消火方法に準ずる.

⑶ **アルキルアルミニウム**……アルキル基（$-C_nH_{2n+1}$）がアルミニウム原子に1以上結合した物質である.

性　　状	固体または液体で，**空気に触れると酸化反応を起こし自然発火する.** **水に接触すると激しく反応し，発生したガスが発火し**アルキルアルミニウムを飛散させる. 高温では，不安定で，**200℃**付近でアルミニウム（Al）とエタン（C_2H_6），エチレン（C_2H_4），水素（H_2）または塩化水素（HCl）とに**分解**する. **ベンゼン，ヘキサン等の溶剤で希釈（きしゃく）したものは，純度の高いものより反応が低減（ていげん）する.** **空気または水との反応性は，一般に炭素数およびハロゲン数が多いものほど小さい.**
危険性と火災予防	**皮膚と接触すると火傷を起こす.** **常に窒素（N_2）などの不活性ガスの中で貯蔵し，空気または水とは絶対に接触させない.**
消火方法	発火した場合，効果的な消火薬剤はない.

※アルキルアルミニウムの代表例：トリエチルアルミニウム $(C_2H_5)_3Al$

⑷ **アルキルリチウム**

アルキル基（$-C_nH_{2n+1}$）とリチウム原子（Li）が結合した物質である.

ノルマル（n-）ブチルリチウム（C_4H_9）Li

性　　状	黄褐色（きかっしょく）の液体，比重0.84，融点−53℃，沸点194℃ ジエチルエーテル，ベンゼン，パラフィン系炭化水素に溶ける. ベンゼン，ヘキサン等の溶剤で希釈したものは，純度の高いものより反応が低減する.
危険性と火災予防	空気と接触すると白煙を生じ，燃焼する. 水，アルコール類，アミン類などと激しく反応する. **湿気，酸素に対して敏感であり，真空中または不活性気体中で取り扱う.**
消火方法	発火した場合，効果的な消火薬剤はない.

⑸ 黄リン（P）

性　状	白色または淡黄色のロウ状の固体，比重 1.82，**融点 44 ℃**，沸点 281 ℃，**ニラに似た不快臭**を有し，**猛毒**である． 約 **50 ℃で自然発火**する． 水に溶けないが，ベンゼン（C_6H_6），二硫化炭素（CS_2）に溶ける． **暗所で青白色（リン光）を発し**，空気中で除々に酸化する． 発火点に達すると発火し，五酸化二リンとなる．
危険性と火災予防	**空気に触れないように水中（保護液）で保存する．保護液から露出しないようにする．** 火気を近づけない．
消火方法	**融点が低いので，燃焼の際には，流動することがあるので，水と土砂等を用いて消火する．**

⑹ アルカリ金属及びアルカリ土類金属

アルカリ土類金属はアルカリ金属より反応性は低い．

① リチウム（Li）

性状と危険性	銀白色の金属結晶，比重 0.5（**固体金属中最も軽い**），**融点約 181 ℃**，沸点 1 347 ℃，**固体金属中，比熱が最大**である． 赤色の炎を出して燃える． 水と接触すると，常温では徐々に，高温では激しく反応し，水素を発生する． 固形の場合，融点以上に加熱すると発火し，粉末状では常温でも発火する．
火災予防	水分との接触を避ける．容器は密栓する．
消火方法	乾燥砂等を用いて窒息消火する．注水は厳禁である．

②カルシウム（Ca）

性　状	銀白色の金属結晶，比重 1.6，融点 845 ℃，沸点 1 494 ℃ 空気中で強熱すると，燃焼して酸化カルシウム（生石灰（せいせっかい））CaO を生ずる． 水素と 200 ℃以上で反応し，水素化カルシウム（CaH_2）になる．
危険性と火災予防	水に接触すると，常温では徐々に，高温では激しく反応して，水素を発生する． 水分との接触を避ける．容器は密栓する．
消火方法	乾燥砂等を用いて窒息消火する．注水は厳禁である．

③バリウム（Ba）

性　状	銀白色の金属結晶，比重 3.6，融点 727 ℃，沸点 1 850 ℃ 水と反応して水素を発生し，水酸化バリウムを生ずる．

※危険性と火災予防の方法及び消火方法はカルシウムに準ずる．

(7) 有機金属化合物（ゆうききんぞくかごうぶつ）

炭化水素基や一酸化炭素などの炭素原子が直接金属原子と結合した化合物．

ジエチル亜鉛　$(C_2H_5)_2Zn$

性　状	無色の液体，比重 1.2，融点 −28 ℃，沸点 117 ℃ ジエチルエーテル，ベンゼンに溶ける． 空気中で自然発火する．
危険性と火災予防	**水，アルコール，酸と激しく反応して，可燃性のエタンガス（C_2H_6）を発生する．** **容器は密封し，常に不活性ガス（N_2 など）の中で貯蔵する．** **空気や水とは絶対接触させない．**
消火方法	粉末消火剤を用いて消火する．水や泡による消火は厳禁である．

(8) 金属の水素化物

水素とほかの元素との二元化合物で，元の金属に似た性質をもつ．

① 水素化ナトリウム（NaH）

性　状	灰色の結晶，比重 1.4，融点 800 ℃，有毒 高温で水素とナトリウムに分解する． **乾燥した空気中では安定である．** 還元性が強く，金属酸化物，塩化物から金属を遊離する．
危険性と火災予防	湿った空気で分解し，水と激しく反応して水素（H_2）を発生する．またその反応熱等により自然発火のおそれがある． **窒素封入ビン等に密栓して貯蔵する．** **酸化剤，水分との接触を避ける．**
消火方法	乾燥砂，消石灰 $Ca(OH)_2$，ソーダ灰 Na_2CO_3 で消火する． 水や泡による消火は厳禁である．

② 水素化リチウム（LiH）

性　状	白色の結晶，比重 0.82，融点 680 ℃，高温で水素とリチウムに分解する．
危険性	水または水蒸気と接触すると，水素と熱を発生しながら激しく反応する．

※火災予防の方法，消火方法は水素化ナトリウムに準ずる．

(9) **金属のリン化物**……リンと金属元素からなる化合物の総称である．

リン化カルシウム（Ca_3P_2）

性　状	暗赤色（あんせきしょく）の塊状（かいじょう）固体又（また）は結晶性粉末，比重 2.51，**融点 1600 ℃以上**，アルカリには溶けない．
危険性と火災予防	**水及び弱酸と作用して発生するリン化水素（ホスフィン）PH_3 は，無色，悪臭，有毒な可燃性ガスである．** 火災によって刺激性，毒性，腐食性のガスを発生する． 水分，湿気に触れない乾燥した場所に貯蔵する．
消火方法	乾燥砂を用いて消火する．

⑽ カルシウムまたはアルミニウムの炭化物

① 炭化カルシウム（CaC_2）

性　状	純粋なものは無色透明の結晶．一般には不純物を含むため灰色を呈する．比重2.2，**融点2300℃**，吸湿性あり 水と作用してアセチレン（C_2H_2）と熱を発生し，水酸化カルシウム $Ca(OH)_2$ となる．
危険性と火災予防	**そのものは不燃性であるが，水と作用して発熱し，可燃性，爆発性のアセチレンを発生する．アセチレンは銅，銀，水銀と反応し，爆発性物質をつくる．** 高温で窒素（N_2）と反応し，石灰窒素（$CaCN_2$）ができる． 水分，湿気に触れないようにし，必要に応じ不燃性ガス（窒素等）を封入する．
消火方法	粉末または乾燥砂を用いて消火する．注水は絶対避ける．

② 炭化アルミニウム（Al_4C_3）

性　状	純粋なものは無色透明の結晶．一般には不純物を含むため黄色を呈する．比重2.37，融点2200℃ 水とは常温でも反応して**メタン**（CH_4）を発生する．
危 険 性	空気中では，そのものは安定であるが，**水分と作用して発熱し，可燃性，爆発性のメタン**を発生する．

※火災予防の方法，消火方法は炭化カルシウムに準ずる．

⑾ トリクロロシラン（$SiHCl_3$）

性　状	無色の液体，沸点32℃，**引火点−14℃**，燃焼範囲1.2〜90.5％，揮発性，刺激臭，有毒 水と激しく反応（加水分解）し，塩化水素（HCl）を発生する．その後高温で水素を発生する． 水の存在下で，ほとんどの金属をおかす．
危険性と火災予防	酸化剤と混合すると爆発的に反応する． **水，水蒸気と反応して発熱し，発火する危険がある．** **水分，湿気に触れないよう密封した容器に貯蔵する．**
消火方法	乾燥砂，膨張ひる石等による窒息消火が有効．注水は絶対避ける．

■第５類の危険物

法別表第１の第５類の項に掲げる物品で自己反応性物質の性状を示すもの．

Ａ 第５類危険物の共通性状

１．共通特性

・いずれも**可燃性の固体又は液体**である．

・**比重は１より大きい．**

・**燃えやすい物質で，燃焼速度が速い．**

・**加熱，衝撃，摩擦**等により発火し，爆発するものが多い．

その他

①空気中に長時間放置すると分解が進み，**自然発火するものがある．**

（例）ニトロセルロース

②**引火性のものがある．**（例）硝酸エチル，硝酸メチル，過酢酸など

③金属と作用して**爆発性の金属塩**を形成するものがある．

（例）ピクリン酸

２．共通の火災予防の方法

・**火気**または加熱などを避ける．

・**摩擦，衝撃**などを与えない．

・通風のよい**冷暗所**に貯蔵する．

３．共通の消火の方法

・**一般に可燃物と酸素供給源とが共存**している物質が多い．自己燃焼性があり，**周りの空気を遮断するような窒息消火は効果がない．**また爆発的で，極めて燃焼が速いため，消火自体が困難である．消火するには，**大量の水により冷却**するか，または**泡消火剤**を用いて消火する．危険物の量が少ない場合で火災の初期の段階では消火することはできるが，危険物の量が多い場合は，消火は極めて困難である．

Ｂ 品名ごとの性状

⑴ 有機過酸化物

一般に過酸化水素（H_2O_2）の誘導体とみなされ，H-O-O-H のなかの１個または２個の水素原子を置換して得られる．不安定な物質で極めてよく燃

焼し，ある条件下では爆発的に分解する．

① 過酸化ベンゾイル［$(C_6H_5CO)_2O_2$］

性　　状	白色粒状結晶の固体，無味無臭，比重 1.3，融点 106～108 ℃，**発火点 125 ℃**，蒸気比重 8.35 水には溶けないが有機溶剤には溶ける． 強い酸化作用がある． 常温では安定であるが，加熱すると **100 ℃**前後で白煙をあげて激しく**分解**する．
危険性と火災予防	濃硫酸・硝酸・アミン類などと接触すると燃焼または爆発の危険性がある．着火すると黒煙を上げて燃える．乾燥した状態で取扱わない． （水または不活性物質と混ぜると爆発しにくくなる．） 火気，加熱，摩擦，衝撃などを避ける．
消火方法	大量の水または泡などによって消火する．

② エチルメチルケトンパーオキサイド……反応条件で成分の割合は異なる．

性　　状	無色透明の油状の液体，特臭，比重 1.12，融点 −20 ℃以下，**引火点 72 ℃**，発火点 177 ℃ 水には溶けないが，ジエチルエーテルには溶ける． 純品は不安定で危険であるので，市販品はフタル酸ジメチル（ジメチルフタレート）などで 60％に希釈されている．
危険性と火災予防	布，鉄サビなどに接触すると 30 ℃以下でも分解する． **容器を密栓すると内圧が上昇し分解を促進するので，ふたは通気性をもたせる．**

※消火方法は過酸化ベンゾイルの消火方法に準ずる．

③ 過酢酸（CH_3COOOH）

性　状	無色の液体，強い刺激臭，比重 1.2，**引火点 41 ℃**，融点 0.1 ℃，沸点 105 ℃，蒸気比重 2.6 水，アルコール，ジエチルエーテル，硫酸によく溶ける．
危険性と火災予防	強い酸化作用があり，助燃（じょねん）作用もある． 皮膚や粘膜に激しい刺激作用がある． **110 ℃**に加熱すると，**発火**爆発する．

※消火方法は過酸化ベンゾイルの消火方法に準ずる．

(2) 硝酸エステル類

硝酸（HNO_3）の水素原子をアルキル基（$-C_nH_{2n+1}$）で置き換えた化合物で，自然分解し酸化窒素（NO）を発生し，これが触媒（しょくばい）となり，自然発火する．

① 硝酸メチル（CH_3NO_3）

性　状	無色透明の液体，芳香（ほうこう）がある，比重 1.22，沸点 66 ℃，引火点 **15 ℃**，蒸気比重 2.65，メタノールと硝酸の反応でつくられる． 水にはほとんど溶けないが，アルコール，ジエチルエーテルには溶ける．
危険性と火災予防	引火性で爆発しやすい 密栓し，直射日光を避け冷暗所に貯蔵する．
消火方法	酸素を含有しており，いったん着火すると消火が困難である．

② 硝酸エチル（$C_2H_5NO_3$）

性　状	無色透明の液体，芳香（ほうこう）がある，比重 1.11，**沸点 87.2 ℃**，引火点 **10 ℃**，蒸気比重 3.14，水にはわずかに溶け，アルコールには溶ける．

※危険性と火災予防の方法及び消火方法は硝酸メチルに準ずる．

③ ニトログリセリン［$(C_3H_5(ONO)_2)_3$］

性　状	無色の油状液体，比重 1.6，沸点 160 ℃，**融点 13 ℃（凝固点 8 ℃）**，蒸気比重 7.84，甘味を有し有毒である． 水にはほとんど溶けないが有機溶剤には溶ける． ダイナマイトの原料である．

危険性と火災予防	加熱，打撃，摩擦で猛烈に爆発する危険性がある．凍結させると危険である． **貯蔵中にニトログリセリンが床上や箱を汚染したときはカセイソーダ（NaOH）のアルコール溶液を注（そそ）いで分解し，布等で拭き取る．**
消火方法	燃焼は爆発的であるから消火の余裕はない．

④ ニトロセルロース［$(C_6H_7(ONO)_2)_3$］

性　　状	外観は，原料の綿や紙と同様である．比重 1.7，発火点 160～170 ℃，無味無臭，酢酸エチル，酢酸アミル，アセトンなどによく溶けるが，水には溶けない． **ニトロセルロースに樟（しょう）のうを混ぜてつくられたものがセルロイドである．**
危険性と火災予防	爆発性は窒素含有量が多いほど大きい．ニトロセルロースは自然分解する傾向があり，精製が悪く残酸がある場合は，日光の直射あるいは加熱で分解し，自然発火することがある． **自然分解しやすいのでエタノール又（また）は水で湿綿（しつめん）として安定剤を加えて冷暗所に貯蔵する．**
消火方法	注水による冷却消火．窒息消火は効果がない．

⑤ セルロイド［ニトロセルロース＋樟のう］

性 状 等	ニトロセルロースに樟のうを混ぜてつくられる．人類が開発した最初のプラスチックである． かつて映画フィルムや人形の材料に使われた．メガネフレームにはまだ需要がある． 融点 90 ℃，発火点 170 ℃以上 **粗製品は精製品に比べ，自然発火する危険性が大きい．** **古い製品は分解しやすく，自然発火する危険性が大きい．** **通風がよく，温度の低い冷暗所に置くのがセルロイド貯蔵の基本である．**

※その他についてはニトロセルロースに準ずる．

⑶ ニトロ化合物

有機化合物の炭素に直結する水素Ｈをニトロ基($-NO_2$)で置き換えたもの．

① ピクリン酸［$C_6H_2(NO_2)_3OH$］……トリニトロフェノールともいう．

性　状	黄色の結晶，無臭，苦味あり，毒性あり，比重 1.8，融点 122～123 ℃，沸点 255 ℃，引火点 207 ℃，**発火点 320 ℃** 熱湯，アルコール，ジエチルエーテル，ベンゼン等に溶ける．
危険性と火災予防	**酸性であり，金属と作用して爆発性の金属塩をつくる．** ヨウ素，ガソリン，アルコール，硫黄などと混合したものは摩擦，打撃により激しく爆発するおそれがある． **乾燥した状態のものは危険性が増してくる**ので注意する． **通常 10%の水を加え保存する．**
消火方法	注水して消火する．いったん着火すると消火が困難である．

② トリニトロトルエン［$C_6H_2(NO_2)_3CH_3$］

性　状	淡黄色の結晶（日光に当たると茶褐色に変わる），比重 1.6，**融点 82 ℃，発火点 230 ℃**，金属とは作用しない 水には溶けない．アルコールには熱すると溶ける．ジエチルエーテルにも溶ける．
危険性と火災予防	ピクリン酸よりもやや安定である．**固体よりも溶融したものの方が衝撃に対して敏感**である．**爆薬**に用いられる．

※消火方法はピクリン酸の消火方法に準ずる．
（注）淡黄色の読み方…「たんおうしょく」と読むが，「うすい黄色」のことである．

⑷ ニトロソ化合物

ニトロソ基（$-N=O$）で示される１価の基をもつ化合物である．

ジニトロソペンタメチレンテトラミン（$C_5H_{10}N_6O_2$）

性　状	淡黄色の粉末，融点 255 ℃，水，ベンゼン，アルコール，アセトンにはわずかに溶けるが，ベンジン，ガソリンには溶けない． 加熱すると約 **200 ℃**で**分解**しホルムアルデヒド（HCHO），アンモニア，窒素等を生ずる．

危険予防	加熱，衝撃または摩擦により，爆発的に燃焼することがある．強酸との接触を避ける．
消火方法	水または泡で消火する．

(5) アゾ化合物……アゾ基（-N = N-）をもつ化合物である．

アゾビスイソブチロニトリル［$(C(CH_3)_2CN_2)N_2$］

性　　状	白色の固体，融点105℃（分解する），有毒 融点以下でも徐々に分解して窒素（N_2）とシアンガス（C_2N_2）を発生する． 水には溶けにくいが，アルコール，ジエチルエーテルに溶ける．
危険予防	加熱すると爆発することがある．冷暗所に保管する．
消火方法	水噴霧，大量の水で消火する．

(6) ジアゾ化合物……ジアゾ基（= N_2）をもつ化合物である．

ジアゾジニトロフェノール（$C_6H_2N_4O_5$）

性　　状	黄色の不定形粉末，比重1.63，融点169℃，発火点180℃ 水にはほとんど溶けないが，アセトンには溶ける． 水中や水とアルコールの混合液中に保存する．
危険予防	燃焼現象は爆ごうを起こしやすい．火気を近づけない．
消火方法	消火は困難である．

⑺ ヒドラジンの誘導体

ヒドラジン（N_2H_4）をベースに付加反応などによってできた化合物である.

硫酸ヒドラジン（$NH_2NH_2 \cdot H_2SO_4$）

性　状	白色の結晶，比重 1.37，融点 254 ℃（分解する），**還元性が強い**，冷水には溶けないが，温水には溶けて**酸性**を示す．アルコールには溶けない．
危険性と火災予防	融点以上に加熱すると分解してアンモニア，二酸化硫黄，硫化水素及び硫黄を生成するが発火はしない．アルカリと接触するとヒドラジンを遊離する．酸化剤と激しく反応する．
消火方法	大量の水で消火する．

⑻ ヒドロキシルアミン（NH_2OH）

性　状	白色の結晶，比重 1.2，融点 33 ℃，沸点 57 ℃，引火点 100 ℃，発火点 130 ℃，潮解性がある，蒸気は空気より重い．水，アルコールによく溶ける．
危険性	加熱（裸火(はだかび)や高温体の接触も含む）すると爆発する．紫外線によっても爆発する．
火災予防	冷暗所に貯蔵する．容器は金属性（鉄，銅）のものにしない．水酸化ナトリウムなどのアルカリは混入させない．二酸化炭素と共存させない．
消火予防	大量の水で消火する．**消火時は，防じんマスク，保護メガネ等を使用する．**

（参考）ヒドロキシルアミンについて
2000 年 6 月 10 日群馬県のある化学工場で爆発・火災事故が起こった．死者 4 名，負傷者 58 名．工場は跡形もなく吹き飛んだ．これをきっかけにヒドロキシルアミンとヒドロキシルアミン塩類は，危険物に指定された．ヒドロキシルアミンについては，最近よく出題される．

(9) ヒドロキシルアミン塩類……医薬品などに使用される.

① 硫酸ヒドロキシルアミン［$H_2SO_4 \cdot (NH_2OH)_2$］

性　状	白色の結晶，比重1.9，融点170℃（分解する），強い還元剤 水やメタノールに溶ける．ジエチルエーテルやエタノールには溶けない． アルカリが存在すると，ヒドロキシルアミンが遊離し，分解する． 水溶液は強酸性で金属を腐食する． クラフト紙袋で流通することがある．
火災予防	乾燥状態を保つ．

※危険性及び消火方法はヒドロキシルアミンと同様である．

② 塩酸ヒドロキシルアミン（$HCl \cdot NH_2OH$）

性　状	白色の結晶，比重1.67，融点151℃（分解する），水に溶ける．メタノールやエタノールにわずかに溶ける． 水溶液は強酸性で金属を腐食する．

※危険性と火災予防の方法及び消火方法は硫酸ヒドロキシルアミンと同様である．

(10) その他のもので政令で定めるもの.

① アジ化ナトリウム（NaN_3）

性　状	無色の板状結晶，比重1.8，**融点300℃**，水には溶けるが，エタノールには溶けにくく，ジエチルエーテルには溶けない． 徐々に加熱すれば，融解して約**300℃**で**分解**し窒素（N_2）と金属ナトリウム（Na）になる．
危険性	アジ化ナトリウム自体は爆発性はないが，**酸により，有毒で爆発性のアジ化水素酸を発生する**．水があれば重金属と作用して極めて鋭敏なアジ化物をつくる．
消火方法	**火災により熱分解し，金属ナトリウムを生成するため，金属ナトリウムに準じた消火方法をとる．水は厳禁である．**

② 硝酸グアニジン（$CH_6N_4O_3$）……爆薬等の混合成分である.

性　状	無色または白色の結晶，比重 1.44，**融点** 約 **215℃** 水やアルコールに溶ける.
危険性	急激な加熱や衝撃により爆発する危険性がある.
消火方法	注水による冷却消火.

■第6類の危険物

法別表（ほうべっぴょう）第1の第6類の項に掲（かか）げる物品で酸化性液体の性状を示すもの.

A 第6類危険物の共通性状

1．共通特性

・いずれも**無機化合物**である.

・いずれも**不燃性の液体**である.

・**水と激しく反応し，発熱する**ものがある.

・**酸化力が強く**自らは不燃性であるが，有機物と混ぜるとこれを酸化させ，場合により着火させることがある（**強酸化剤**）.

・**腐食性**があり皮膚をおかし，またその**蒸気は有毒**である.

2．共通の火災予防の方法

・可燃物，有機物などとの**接触**を避ける.

・**火気，日光の直射を避ける**.

・貯蔵容器は**耐酸性**のものとし，**密封**する.（ただし**過酸化水素は除く**）

・水と反応するものは，**水との接触を避ける**.

・**通風**のよい場所で取り扱う.

3．共通の消火の方法

・基本的には燃焼物に対応した消火方法をとるが，一般には**水**や**泡消火剤**を用いた消火が適切である（ハロゲン間（かん）化合物は除く）.

・二酸化炭素，ハロゲン化物，炭酸水素塩類（$NaHCO_3$ など）の消火粉末は不適当である．使用を避ける.

・消火活動によって発生する二次的な災害を防止するための注意事項

①状況により多量の水を使用するが，**危険物が飛散しないよう**に注意する．
②流出事故の場合は，**乾燥砂**をかけるか**中和剤で中和**する．
③災害現場の風上に位置し，発生するガスの吸引を防ぐためマスクを使用する．
④皮膚を保護する．

B 品名ごとの性状

(1) **過塩素酸（$HClO_4$）**……強力な酸化剤．一般には60～70%の水溶液で扱われる．

性　状	無色の発煙性液体，比重1.8，融点－112℃，沸点39℃ 不安定な物質でしだいに分解，黄変する．その分解生成物が触媒となり，爆発的分解を起こす． 空気中で強く発煙する．また，加熱すれば爆発する．
危険性と火災予防	**水中に滴下すれば音を出して，発熱する．** 皮膚を腐食する． **おがくず，木片などの有機物に接触すると自然発火することがある．** 可燃性有機物と混合すると急激な酸化反応を起こし，発火または爆発することがある． 定期的に検査し，**汚損変色**しているときは**廃棄する**． 流出したときはチオ硫酸ナトリウム，ソーダ灰で十分中和してから水で洗い出す．
消火方法	多量の水による消火が最も有効である．

⑵ **過酸化水素（H_2O_2）**……強力な酸化剤で，通常は水溶液で取り扱われる．

性　状	純粋なものは無色の粘性のある液体，比重1.5，融点−0.4℃，沸点152℃ 水に溶けやすく弱酸性である．エタノール，ジエチルエーテルにも溶ける． **極めて不安定で濃度50%以上では常温でも水と酸素に分解し爆発**することがある．3%水溶液はオキシドールとして消毒液として使用される． 安定剤には，**リン酸，尿酸，アセトアニリド**等が用いられる．
危険性と火災予防	熱，日光により速やかに水と酸素に分解する． 金属粉，有機物などの混合により分解し，加熱，動揺により爆発，発火することがある． **容器は密栓せず，通気のための穴のあいた栓をする．** 漏れたときは多量の水で洗い流す．
消火方法	注水して消火する．

⑶ **硝酸（HNO_3）**……強い酸化力をもつ酸で銅，水銀，銀とも反応する．

性　状	無色の液体，比重1.5，融点−42℃，沸点86℃ 湿気を含む空気中で褐色に発煙する． 水と任意の割合で混合し，その水溶液は強酸性を示す． 日光，加熱により黄褐色となり，酸素，二酸化窒素（NO_2）を生ずる． 水溶液は極めて強い1価の酸であり，金属酸化物，水酸化物に作用して，硝酸塩を生成する．
危険性と火災予防	二硫化炭素，アミン類，ヒドラジン類などと混合すると発火または爆発する． **硝酸，硝酸蒸気，および分解して生ずる窒素酸化物は極めて有毒である．** 金属を腐食させるので比較的安定なステンレス鋼，アルミニウム製の容器などを用いる． **鉄，ニッケル，クロム，アルミニウム等は希硝酸にはおかされるが，濃硝酸には不動態をつくりおかされない．**

消火方法	流出した場合，土砂などによる流出防止，注水による希釈，ソーダ灰（はい）や消石灰（しょうせっかい）などによる中和処理を実施する．**防毒マスクを使用する．**

発煙硝酸（はつえんしょうさん）（HNO_3）……純硝酸を86%以上含有するもの．市販品は約90%以上である．

性　状	赤色または赤褐色の液体，比重1.52以上 濃硝酸に二酸化窒素（NO_2）を加圧飽和させたもので，空気中で窒息性のNO_2の褐色蒸気を発生する．硝酸よりさらに酸化力が強い．

※危険性と火災予防の方法及び消火方法は硝酸に準ずる．

⑷ハロゲン間（かん）化合物

2種のハロゲンからなる化合物の総称．多数のフッ素原子を含むものは，特に反応性に富み，ほとんどすべての金属および非金属と反応してフッ化物をつくる．

①三フッ化臭素（しゅうそ）（BrF_3）

性　状	無色の液体，比重2.84，**融点9℃**，沸点126℃ 空気中で発煙する．低温では固化し，無水フッ化水素酸（HFの液化ガス）などの溶媒（ようばい）に常温で溶ける．
危険性と火災予防	**水と激しく反応し，発熱と分解を起こす．その際，猛毒で腐食性のあるフッ化水素（HF）が生じる．フッ化水素の水溶液はガラスをおかす．** **水とは接触させない．** 可燃物との接触を避け，容器は密栓する．
消火方法	**粉末の消火剤または乾燥砂**で消火する．水系の消火剤は適さない．

②五フッ化臭素（BrF_5）

性　状	無色の液体，比重2.46，**融点−60℃**，沸点41℃，気化しやすい．
危険性	水と反応して$BrOF_3$とフッ化水素（HF）を生成する．三フッ化臭素より反応性に富む．

※火災予防，消火方法は三フッ化臭素に準ずる．

③五フッ化ヨウ素（IF_5）

性　状	無色の液体，比重3.19，融点9.4℃，沸点100.5℃
危険性	水と反応してフッ化水素（HF）とヨウ素酸（HIO_3）を生成する．

※火災予防，消火方法は三フッ化臭素に準ずる．

第１類

●問１●　第１類～第６類までの一般的性状について

問1−1　**危険物第１類から第６類までの性状について，誤っているものを選べ．**

(1) 危険物には化合物，単体及び混合物の３種類がある．

(2) 危険物には常温（20 ℃）で液体，気体及び固体のものがある．

(3) 不燃性の固体又は液体で，酸素を分離して他の物質の燃焼を助けるものがある．

(4) 多くの酸素を含み，他から酸素を供給しなくても燃焼するものがある．

(5) 水と接触して発熱し，可燃性ガスを発生するものがある．

問1−2　**危険物の類ごとの一般的性状で，正しいものを選べ．**

(1) 第２類は引火性をもつ固体であり，無機過酸化物などがある．

(2) 第３類は不燃性の液体であり，空気と反応して発熱する．

(3) 第４類は引火性をもつ液体であり，引火点が高いものほど引火する可能性が高い．

(4) 第５類は可燃性の固体又は液体であり，衝撃，加熱，摩擦等で爆発するものが多い．

(5) 第６類は酸素を含有する液体であり，酸化力が極めて強い．

問 1-1 解答 (2)

(1) 正しい　そのとおり.

(2) 誤　り　危険物は液体又(また)は固体で，気体のものはない.

(3) 正しい　これは第1類と第6類の説明である．不燃性の固体は第1類，不燃性の液体は第6類で，酸素を分離して他の物質の燃焼を助ける.

(4) 正しい　これは第5類の説明である．例として第5類のニトログリセリンは酸素を含み，他から酸素を供給しなくても燃焼する.

(5) 正しい　これは第3類の説明である．例として第3類のナトリウム（Na）は，水と接触して発熱し，可燃性ガス（水素 H_2）を発生する.

（参考）

類の種類	基本的性質	燃焼性
第1類	酸化性固体	不燃性
第2類	可燃性固体	可燃性
第3類	自然発火性物質及び禁水性物質	可燃性，一部不燃性（炭化カルシウム，炭化アルミニウム，リン化カルシウムは不燃性である）
第4類	引火性液体	可燃性
第5類	自己反応性物質	可燃性（アジ化ナトリウムのみ不燃性で爆発性がある）
第6類	酸化性液体	不燃性

※98ページの「第1類　補足」にも記載あり.

問 1-2 解答 (4)

(1) 誤　り　第2類は一般的性状として「引火性をもつ固体」ではなく，「可燃性固体」である．無機過酸化物（Na_2O_2 や K_2O_2 など）は，第1類の危険物である．正しい文章は「第2類は可燃性固体である．無機過酸化物は第1類危険物である.」（参考）第2類のなかに固形アルコールのように引火性を有する固体，分類としては「引火性固体」があるが，これは，第2類の一部であり，一般的性状ではない.

(2) 誤　り　第3類は可燃性の固体または液体であり，空気と反応して発火するものもある.

(注)ほとんどが可燃性であるが，一部不燃性のものがある．（第1類，問1-1表参照）

(3) 誤　り　第4類は引火性をもつ液体であり，引火点が高いものほど引火する可能性が低くなる.

(4) 正しい　そのとおり．第5類のニトログリセリンなどが該当する.

(注)一般的性状としては，第5類は可燃性であるが，アジ化ナトリウムのみ不燃性，爆発性である.

(5) 誤　り　第6類は酸化力は強いが，酸素を含有するとは限らない．第6類は過塩素酸($HClO_4$)，過酸化水素(H_2O_2)，硝酸(HNO_3)，ハロゲン間(かん)化合物(BrF_3 など)であり，ハロゲン間化合物は酸素を含有しない.

問1−3　危険物の一般的性状について，正しいものを選べ.

(1) 危険物の第2類は，すべて固体の有機物質で，酸化剤と接触すると爆発を起こす.

(2) 危険物の第3類は，すべて酸素を含有しており，自然発火を起こす.

(3) 危険物の第4類は，すべて引火性をもつ液体で，引火の危険性は引火点が高い物質ほど高く，引火点が低い物質ほど低い.

(4) 危険物の第5類は，すべて可燃性の固体で，衝撃，加熱または摩擦で発火，爆発するものが多い.

(5) 危険物の第6類は，すべて酸化性の液体で，有機物と混ぜるとこれを酸化させ発火することがある.

●問2●　第1類の共通性状について

問2−1　危険物の第1類に共通する性状として，誤っているものを選べ.

(1) 一般に不燃性物質であるが，他の物質を酸化する酸素を含んでおり，加熱等により分解して酸素が発生する.

(2) ほとんどのものは白色の粉末または無色の結晶であるが，過マンガン酸カリウムのように赤紫色の結晶のものもある.

(3) 可燃物，有機物その他酸化されやすい物質と混合すると，加熱などにより爆発する危険性がある.

(4) 潮解性を有するものは少なく，容器は通気性のよいものを用いる.

(5) アルカリ金属の過酸化物およびこれを含有するものは，水と反応して熱と酸素を発生する.

問2−2　危険物の第1類に共通する性状として，誤っているものを選べ.

(1) どれも酸素と水素を含む化合物である.

(2) どれも強酸化剤である.

(3) 水に溶けるものもある.

(4) どれも可燃物と混合したものは，加熱，衝撃などにより爆発する危険性がある.

(5) どれも加熱，衝撃により分解し酸素を放出する.

問1-3 解答 (5)

(1) 誤 り　第2類の危険物はすべて固体の有機物質ではない．例として第2類の固形アルコールは有機物質であるが，その他のほとんどのものは無機物質である．

(2) 誤 り　第3類のナトリウム（Na），黄リン（P）などは酸素（O）は含有していない．

(3) 誤 り　第4類の危険物はすべて引火性をもつ液体で，引火の危険性は引火点が高い物質ほど低く，引火点が低い物質ほど高い．

(4) 誤 り　第5類の危険物は固体又は液体で，ほとんどが可燃性である．加熱，衝撃，又は摩擦で発火爆発する．

（例外）アジ化ナトリウム（NaN_3）は不燃性であるが，爆発する．

(5) 正しい　第6類をすべて挙げると過塩素酸（$HClO_4$），過酸化水素（H_2O_2），硝酸（HNO_3），ハロゲン間化合物（BrF_3：三フッ化臭素など）であり，問題文のとおりである．

問2-1 解答 (4)

(1) 正しい　そのとおりである．

(2) 正しい　そのとおりである．過マンガン酸カリウムの化学式は $KMnO_4$

(3) 正しい　そのとおりである．

(4) 誤 り　潮解性を有するものは第1類のうち約半数ある．容器は密栓する．

(5) 正しい　そのとおりである．例としてナトリウムの過酸化物である過酸化ナトリウム（Na_2O_2）と水との反応式は次のとおりである．

$2Na_2O_2 + 2H_2O \rightarrow 4NaOH + O_2$（酸素）　となる．

問2-2 解答 (1)

(1) 誤 り　酸素（O）は含むが，水素（H）を含むとは限らない．例として硝酸アンモニウム（NH_4NO_3）などのアンモニウム基（$-NH_4$）をもつものは水素を含む．

(2) 正しい　そのとおりである．

(3) 正しい　例として，塩素酸ナトリウム（$NaClO_3$）は水によく溶ける．過マンガン酸カリウム（$KMnO_4$）も水によく溶ける．

(4) 正しい　第1類は酸化性の固体である．そのとおりである．

(5) 正しい　第1類の共通性状である．加熱，衝撃により分解して酸素を発生する．

問2－3　**危険物の第１類の性状として，誤っているものを選べ.**

(1) 過塩素酸ナトリウム…………可燃性物質と混合すると，爆発する危険性がある.

(2) 塩素酸カリウム………………加熱すると分解し，酸素を発生する.

(3) 過塩素酸カリウム……………水に溶けにくい.

(4) 硝酸アンモニウム……………潮解性がある.

(5) 過マンガン酸カリウム………白色または無色の結晶性の粉末である.

問2－4　**危険物の第１類に共通する性状として，正しいものを選べ.**

(1) 強酸性の液体または固体である.

(2) 非常に引火しやすい物質である.

(3) 燃焼速度が速い物質である.

(4) 大部分は無色の結晶または白色の粉末である.

(5) 窒素を多量に含む物質である.

問2－5　**危険物の第１類の品名に該当しないものを次のうちから選べ.**

(1) 無機過酸化物

(2) 過塩素酸塩類

(3) 過マンガン酸塩類

(4) ヨウ素酸塩類

(5) クロム酸塩類

問 2-3 解答 (5)

(1) 正しい　(参考) 過塩素酸ナトリウムの化学式は $NaClO_4$ である.

(2) 正しい　(参考) 塩素酸カリウムの化学式は $KClO_3$ である.

$4KClO_3 \rightarrow 3KClO_4 + KCl$ …いったん過塩素酸カリウムと塩化カリウムに分解する.
さらに加熱すると $KClO_4 \rightarrow KCl + 2O_2$ …過塩素酸カリウムは, さらに塩化カリウムと酸素に分解する.
このように2段階を経て酸素が発生する.

(3) 正しい　(参考) 過塩素酸カリウムの化学式は $KClO_4$ である. 第1類の過塩素酸ナトリウムや過マンガン酸カリウムは水によく溶けるが, 過塩素酸カリウムは水に溶けにくい.

(4) 正しい　(参考) 硝酸アンモニウムの化学式は NH_4NO_3 である. 一般に硝酸塩類は水に溶けやすいものが多い. さらに硝酸アンモニウム (NH_4NO_3) や硝酸ナトリウム ($NaNO_3$) には潮解性がある. しかし硝酸カリウム (KNO_3) には潮解性はない. ついでに覚えておくとよい.

(5) 誤　り　(参考) 過マンガン酸カリウムの化学式は $KMnO_4$ である. 赤紫色の結晶である.

問 2-4 解答 (4)

(1) 誤　り　酸化性の固体である. 誤りの箇所は「強酸性」→「酸化性」,「液体または固体」→「固体」

(2) 誤　り　これは第4類のガソリンやアルコールなどの性状である.

(3) 誤　り　燃焼速度の問題ではない. それ自体は燃えない (不燃物). 相手を燃やす酸素供給源である.

(4) 正しい　そのとおり.

(5) 誤　り　酸素を多量に含む物質である. 誤りの箇所は「窒素」→「酸素」

問 2-5 解答 (5)

(1) 該当する　(代表例) Na_2O_2　過酸化ナトリウム

(2) 該当する　(代表例) $NaClO_4$　過塩素酸ナトリウム

(3) 該当する　(代表例) $KMnO_4$　過マンガン酸カリウム

(4) 該当する　(代表例) $NaIO_3$　ヨウ素酸ナトリウム

(5) 該当しない　二クロム酸塩類は第1類の危険物だが, クロム酸塩類は危険物ではない. 二クロム酸塩類は○○ Cr_2O_7, クロム酸塩類は○○ CrO_4 の形をとる.

問2－6　**危険物の第１類の性状として，火災予防上，危険ではない状況を選べ．**

(1) 亜塩素酸ナトリウム…………強酸との接触
(2) 過酸化カリウム………………アルコールとの接触
(3) 塩素酸カリウム………………水との接触
(4) 重クロム酸アンモニウム……可燃物との接触
(5) 硝酸アンモニウム……………加熱，衝撃，摩擦

● 問３ ●　第１類の火災予防と貯蔵・取扱いについて

問3－1　**危険物の第１類に共通する貯蔵・取扱いの基準について，誤っているものを選べ．**

(1) 分解をうながす薬品類との接触は避ける．
(2) 衝撃，加熱および摩擦等を避ける．
(3) 酸化されやすい物質との接触を避ける．
(4) 強酸類との接触を避ける．
(5) 水で湿らせて，分解を防ぐ．

問3－2　**アルカリ金属の過酸化物の貯蔵・取扱いの基準において，火災予防の方法として誤っているものを選べ．**

(1) 冷暗所に貯蔵し，換気は十分に行う．
(2) 炭酸水素塩類との接触は避ける．
(3) 容器は密封する．
(4) 有機物との接触は避ける．
(5) 衝撃，加熱などを避ける．

問 2-6 解答 (3)

(1) 危　険　亜塩素酸ナトリウム（$NaClO_2$）　強酸との接触は危険である．

(2) 危　険　過酸化カリウム（K_2O_2）　アルコールは第４類で，可燃物である．危険である．

(3) 危険でない　塩素酸カリウム（$KClO_3$）　塩素酸カリウムによる火災の消火には水を使用する．特に水は危険ではない．

(4) 危　険　重クロム酸アンモニウム［$(NH_4)_2Cr_2O_7$］　可燃物との接触は危険である．重クロム酸アンモニウムのことを二クロム酸アンモニウムともいう．

(5) 危　険　硝酸アンモニウム（NH_4NO_3）　加熱，衝撃，摩擦は危険である．

問 3-1 解答 (5)

(1)，(2)，(3)，(4) 正しい　そのとおり．

(5) 誤　り　水と反応して，酸素を発生するものがある．水で湿らせてはいけない．無機過酸化物の K_2O_2（過酸化カリウム）などが該当する．

$$2K_2O_2 + 2H_2O \rightarrow 4KOH + O_2 \text{（酸素）}$$

問 3-2 解答 (2)

アルカリ金属の過酸化物とは K_2O_2 や Na_2O_2 などである．

(1)，(3)，(4)，(5) 正しい　そのまま理解しておけばよい．

(2) 誤　り　炭酸水素塩類の代表的なものに炭酸水素ナトリウム（$NaHCO_3$）がある．これは消火薬剤にもなっている．よって接触を避ける必要はない．

問3－3　**危険物の第１類を貯蔵し，又(また)は取扱う施設に関して，適切でないものの組合せを選べ．**

A　容器はガラス，プラスチック製などとし，ふたが容易に開かないように密栓した．

B　床に厚手のじゅうたんを敷き，容器が落下しても衝撃が生じないようにした．

C　防爆構造でない換気設備や照明設備を使用した．

D　収納棚に転落防止策を施し，第２類の危険物と一緒に貯蔵した．

E　消火設備として，膨張真珠岩を設置した．

(1) AB　(2) AC　(3) BD　(4) AE　(5) CD

問3－4　**危険物の第１類における火災予防のために留意する点について，誤っているものを選べ．**

(1) 有機物，可燃物その他酸化されやすい物質との接触は避ける．

(2) 窒素との接触を避ける．

(3) 冷暗所に密封して保存する．

(4) 強酸類との接触は避ける．

(5) 衝撃，摩擦を与えない．

問3－5　**危険物の第１類の貯蔵及(およ)び取扱いについて，火災予防のため，水や湿気との接触を避けなければならない物質を選べ．**

(1) 塩素酸カリウム　(2) 亜塩素酸ナトリウム　(3) 過塩素酸アンモニウム

(4) 過酸化カリウム　(5) 過塩素酸カリウム

問 3-3 解答 (3)　BとDが誤りである.

A 正しい

B 誤　り　じゅうたんは可燃物であるので適切でない.

C 正しい　第4類の危険物の場合は，電気設備は防爆構造(ぼうばくこうぞう)にする必要があるが，第1類は不燃物であるためその必要はない.

D 誤　り　第2類の危険物は可燃性固体であるので一緒に貯蔵すると危険である.

E 正しい　膨張真珠岩(ぼうちょうしんじゅがん)は第1類から第6類まですべての危険物の消火に使用できる.

問 3-4 解答 (2)

(1) 正しい　そのとおり.

(2) 誤　り　窒素（N_2）は不燃性の気体であるので，接触を避ける必要はない.

(3) 正しい　そのとおり.

(4) 正しい　そのとおり.

(5) 正しい　そのとおり.

問 3-5 解答 (4)　化学式から判断できる．金属の過酸化物を探せばよい.

(1) 誤　り　（参考）化学式は $KClO_3$　(2) 誤　り　（参考）化学式は $NaClO_2$

(3) 誤　り　（参考）化学式は NH_4ClO_4　(5) 誤　り　（参考）化学式は $KClO_4$

(4) 正しい　過酸化カリウム K_2O_2 は潮解性があり，また水と激しく反応し，熱と酸素を発生する．そのため水や湿気との接触を避けなければならない．その他のものは，水が消火剤になる.

●問４●　第１類の消火方法について

問4－1　**次の第１類の危険物とその消火方法の組合せとして，適切でないものを選べ．**

(1) 過酸化ナトリウム…………粉末消火剤（炭酸水素塩類を有するもの）を使用する．
(2) 亜塩素酸ナトリウム………強化液消火剤を使用する．
(3) 過酸化カリウム……………粉末消火剤（リン酸塩類を有するもの）を使用する．
(4) 硝酸アンモニウム…………乾燥砂で覆う．
(5) 臭素酸カリウム……………泡消火剤を使用する．

問4－2　**次の説明文の（　　）内に該当する語句として，正しい組合せを選べ．**
「危険物の第１類の火災の対処には，一般的には，大量の水で冷却し（　A　）物質を（　B　）以下とすればよい．しかし，アルカリ金属の過酸化物に限っては，水と反応して（　C　）するものがあるので注意しなければならない．

	A	B	C
(1)	還元性	発火点	発熱
(2)	酸化性	分解温度	発熱
(3)	引火性	引火点	分解
(4)	酸化性	発火点	分解
(5)	還元性	分解温度	発熱

問4－3　**危険物の第１類（アルカリ金属の過酸化物を除く）が関係する火災に対し，最も効果的な消火方法を，次から選べ．**

(1) 二酸化炭素を放射する．
(2) 注水する．
(3) 消火粉末を放射する．
(4) 泡を放射する．
(5) 膨張ひる石で覆う．

問 4-1 解答 (3)

(1) 適　切　過酸化ナトリウム（Na_2O_2）は，アルカリ金属の過酸化物であり，その火災に対し，粉末消火剤（炭酸水素塩類を有するもの）で消火することは OK.

(2) 適　切　亜塩素酸ナトリウム（$NaClO_2$）の火災に対し，強化液消化剤は水系なので OK.

(3) 不適切　過酸化カリウム（K_2O_2）はアルカリ金属の過酸化物であり，その火災に対し，粉末消火剤（炭酸水素塩類を有するもの）で消火することは OK であるが，粉末消火剤（リン酸塩類を有するもの）で消火することはよくない．なぜなら $NH_4H_2PO_4$（リン酸二水素アンモニウム）などの粉末消火剤（リン酸塩類を有するもの）は水素原子 H が多いため（分子内に H が 6 つ），燃焼の際に水を多く発生してしまう．それがアルカリ金属と反応し，水素（H_2）を発生し，危険な状態になるからである．

(4) 適　切　乾燥砂は 1 から 6 類すべての火災に適用できる．

(5) 適　切　泡は水系なので OK.

問 4-2 解答 (2)　正しい説明文をそのまま覚えるとよい．

アルカリ金属の過酸化物の例として過酸化ナトリウム（Na_2O_2）や過酸化カリウム（K_2O_2）があり，火災の初期の段階では粉末消火（炭酸水素塩類を有するもの）または乾燥砂で消火を行うが，中期以降は隣接する可燃物に大量の水を注水して延焼を防止する．

問 4-3 解答 (2)

アルカリ金属の過酸化物（Na_2O_2 や K_2O_2）を除く第 1 類とは塩素酸塩類○○ ClO_3，硝酸塩類○○ NO_3，三酸化クロム CrO_3 などを考えればよい．これらの消火に最も効果的な消火方法は，注水消火である．

問4－4　**危険物の第１類と木材や紙類等の火災の消火方法で正しいものを選べ．**

(1) 過塩素酸塩類による火災は，注水を避ける．
(2) 無機過酸化物による火災は，注水を避け乾燥砂で消火する．
(3) 亜硝酸塩類による火災は，強酸で中和して消火する．
(4) 硝酸塩類による火災は，二酸化炭素消火剤で消火する．
(5) 塩素酸塩類による火災は，注水を避ける．

問4－5　**危険物の第１類（無機過酸化物を除く）の火災に対し，最も効果的な消火方法を選べ．**

(1) ハロゲン化物消火剤で消火する．
(2) 粉末消火剤で消火する．
(3) 二酸化炭素消火剤で消火する．
(4) 大量の水で消火する．
(5) 泡消火剤で消火する．

問4－6　**次の第１類危険物にかかわる火災について，水による消火が適切なものの組合せを選べ．**

A　塩素酸ナトリウム　　B　過酸化ナトリウム　　C　過酸化カリウム
D　過塩素酸カリウム　　E　過マンガン酸ナトリウム

(1) ABC　(2) ABD　(3) ADE　(4) BCE　(5) CDE

問4－7　**危険物の第１類に関係する火災に対して，窒息効果を主体とする消火方法では効果が少ないとされている．その理由として適切なものを選べ．**

(1) 内部燃焼するため．
(2) 危険物が分解すると酸素が発生するため．
(3) 燃焼温度が高いため．
(4) それ自体は，不燃性であるため．
(5) 燃焼速度が速いため．

問 4-4 解答 (2)

(1) 誤　り　過塩素酸塩類○○ ClO_4 は，注水消火が適する.

(2) 正しい　無機過酸化物は過酸化ナトリウム（Na_2O_2），過酸化カリウム（K_2O_2），過酸化マグネシウム（MgO_2），過酸化カルシウム（CaO_2），過酸化バリウム（BaO_2），過酸化亜鉛（ZnO_2）などを考えればよい．これらは注水を避け，乾燥砂で消火する.

(3) 誤　り　亜硝酸塩類は○○ NO_2 で表される．中和して消火することは行なわれない.

(4) 誤　り　硝酸塩類に対し，二酸化炭素消火剤は効果がない．二酸化炭素消火剤は第 4 類の火災には効果があるが，第 1 類の火災には効果がない.

(5) 誤　り　塩素酸塩類（塩素酸ナトリウム $NaClO_3$ など）は注水消火がよい.

問 4-5 解答 (4)

(1)，(2)，(3)，(5) 誤　り

(4) 正しい　「第 1 類の危険物（無機過酸化物を除く）の火災」に対しては「大量の水で消火する」が一番効果的である.

問 4-6 解答 (3)

ADE の 3 つが正しい．第 1 類で「水による消火が不適切」といえば，アルカリ金属の過酸化物である（無機過酸化物も同様）．本問では B と C の過酸化ナトリウム（Na_2O_2）と過酸化カリウム（K_2O_2）が不適切である．他のものは適切である.

問 4-7 解答 (2)

(1) 誤　り　内部（自己）燃焼するのは第 5 類である.

(2) 正しい　危険物が分解して酸素を供給するので，窒息効果を主体とする消火方法では効果が少ない．消火方法は水で冷やして分解温度以下にする.

(3) 誤　り　燃焼温度は関係ない.

(4) 誤　り　第 1 類自体は不燃性であるが，接触する可燃物に酸素を供給し，燃焼が継続する．それ自体不燃性であるかどうかは関係ない.

(5) 誤　り　燃焼速度は関係ない.

●問５●　第１類の個々の物質の性状等

塩素酸塩類（塩素酸ナトリウム，塩素酸カリウム，塩素酸アンモニウム）

問5－1　**塩素酸塩類の性状として，誤っているものを選べ．**

(1) 酸素供給源となるので，可燃性のものが多い．
(2) 水より重い．
(3) 水に溶けるものもある．
(4) 衝撃や可燃物との混合には注意をしなければならない．
(5) 加熱等により分解して酸素を発生する．

問5－2　**塩素酸ナトリウムの性状として，誤っているものを選べ．**

(1) 加熱すると分解して酸素を発生する．
(2) 可燃物と混合すると，摩擦，衝撃，加熱により爆発することがある．
(3) 白色又は無色の結晶である．
(4) 水には溶けるがアルコールやグリセリンには溶けない．
(5) 水溶液にすると強い酸化力をもつ．

問5－3　**塩素酸ナトリウムの性状として，誤っているものを選べ．**

(1) 水やアルコールに溶ける．
(2) 水と反応し，水素と塩酸を発生する．
(3) 潮解性をもつ白色の結晶である．
(4) 300 ℃以上に加熱すると，分解して酸素を発生する．
(5) 有機物，酸化されやすい物質の混合によりわずかの刺激で爆発する危険性がある．

問 5-1 解答 (1)

塩素酸塩類といえば塩素酸ナトリウム（$NaClO_3$），塩素酸カリウム（$KClO_3$），塩素酸アンモニウム（NH_4ClO_3）を思い出せばよい．

(1) 誤　り　塩素酸塩類のみならず，第1類はすべて酸素供給源となり，自身は一般に不燃性である．

(2) 正しい

(3) 正しい　冒頭の説明のうち，水に溶けるものは $NaClO_3$ と NH_4ClO_3 で水に溶けにくいものは $KClO_3$ である．

(4)，(5) 正しい　そのとおり．

問 5-2 解答 (4)　塩素酸ナトリウムの化学式は $NaClO_3$ である．

(1) 正しい　第1類の性状である．反応式は，$2NaClO_3 \rightarrow 2NaCl + 3O_3$ である．

(2) 正しい　第1類の性状である．

(3) 正しい　そのとおり．

(4) 誤　り　水に溶ける．アルコールやグリセリンにも溶ける．（参考）アルコール，グリセリンとも第4類の水溶性液体である．

(5) 正しい　そのとおり．

問 5-3 解答 (2)　塩素酸ナトリウムの化学式は $NaClO_3$ である．

(1)，(3)，(4)，(5) 正しい

(2) 誤　り　水に溶け，水と反応しない．よって水素と塩酸は発生しない．

問5−4 **塩素酸ナトリウムによる火災の初期消火の方法として，適切でないものの組合せを選べ.**

A 強化液消火剤を放射する.

B ハロゲン化物消火剤を放射する.

C 水で消火する.

D 二酸化炭素消火剤を放射する.

E 泡消火剤を放射する.

(1) AB (2) AE (3) BD (4) CD (5) CE

問5−5 **塩素酸カリウムの性状として，正しいものを選べ.**

(1) 冷水には少し溶け，熱水にはよく溶ける.

(2) 黒色の粉末または結晶である.

(3) エタノールやアセトン等，有機溶媒によく溶ける.

(4) 加熱すると約400℃で分解し，さらに加熱すると塩素を発生する.

(5) 潮解性がある.

問5−6 **塩素酸カリウムの貯蔵・取扱いについて，誤っているものを選べ.**

(1) 容器は密栓する.

(2) 衝撃や摩擦を避ける.

(3) 貯蔵する場所は冷暗所とする.

(4) 安定剤には塩化アンモニウムを用いる.

(5) 可燃物との接触を避ける.

問5−7 **塩素酸アンモニウムの性状として，正しいものの組合せを選べ.**

A 水にはよく溶ける.

B 結晶状で，色は無色である.

C エチルアルコールによく溶ける.

D 常温（20℃）では安定である.

E 100℃以上に加熱されると，分解して爆発する場合がある.

(1) ABC (2) ABE (3) ADE (4) BCD (5) CDE

問 5-4 解答 (3)

BD が誤り．初期段階（まだ火災が小さいとき）は，水のみではなく，泡も使用できる．

A，C，E 正しい

B 誤 り ハロゲン化物消火剤は，有毒ガスが発生する．

D 誤 り 二酸化炭素消火剤は効果なし．

問 5-5 解答 (1) 塩素酸カリウムの化学式は $KClO_3$ である．

(1) 正しい

(2) 誤 り 無色の結晶である．

(3) 誤 り

(4) 誤 り 加熱すると約 400 ℃で分解し，さらに加熱すると酸素を発生する．

反応式 $KClO_3 \rightarrow KCl + 3KClO_4$

$KClO_4 \rightarrow KCl + 2O_2$

(5) 誤 り 塩素酸カリウムには潮解性はない．

問 5-6 解答 (4) 塩素酸カリウムの化学式は $KClO_3$ である．

(1)，(2)，(3)，(5) 正しい 危険物の一般的な貯蔵・取扱い方法である．

(4) 誤 り 塩素酸カリウムはアンモニア（NH_3）や塩化アンモニウム（NH_4Cl）と反応して爆発することがあるので安定剤にはならない．

なお，(5)について，第1類は「酸化性固体」なので，可燃物や有機物との接触を避けなければならない．

問 5-7 解答 (2) ABE が正しい．塩素酸アンモニウムの化学式は NH_4ClO_3 である．

A，B 正しい

C 誤 り エタノール（エチルアルコール）に溶けにくい．

D 誤 り 常温（20 ℃）でも不安定で爆発することがある．

E 正しい 100 ℃以上に加熱されると，分解して爆発する場合がある．

●問６●　第１類の個々の物質の性状等

過塩素酸塩類（過塩素酸ナトリウム，過塩素酸カリウム，過塩素酸アンモニウム）

問6－1　過塩素酸塩類の性状として，誤っているものを選べ．

(1) 過塩素酸塩類は，過塩素酸（$HClO_4$）の水素原子が金属又は他の陽イオンと置き換わった形の化合物である．
(2) 塩素酸塩類より不安定な物質が多く，衝撃，加熱等に注意する必要がある．
(3) 過塩素酸カリウムは，水に溶けにくい．
(4) 過塩素酸アンモニウムは，水に溶けるが潮解性はない．
(5) 過塩素酸ナトリウムは，水によく溶け潮解性がある．

問6－2　過塩素酸塩類の性状として，正しいものを選べ．

(1) 過塩素酸ナトリウムは，潮解性がない．
(2) 過塩素酸カリウムは，水によく溶ける．
(3) 硫黄，リン，その他の可燃物と混合した場合，急激な燃焼を起こし爆発する危険性がある．
(4) 消火方法は，無機過酸化物と同じで，注水は適さない．
(5) 過塩素酸アンモニウムは濃赤色の粉末である．

問6－3　過塩素酸カリウムの性状として，誤っているものを選べ．

(1) 約 400 ℃で分解して酸素を発生する．
(2) 潮解性がある白色の粉末である．
(3) 水には溶けにくい．
(4) 過塩素酸塩類のなかでは，比重はかなり大きい．
(5) 強酸や可燃物などとの混合による爆発の危険性は，塩素酸カリウムより低い．

問 6-1 解答 (2)

過塩素酸塩類といえば過塩素酸ナトリウム $NaClO_4$，過塩素酸カリウム $KClO_4$，過塩素酸アンモニウム NH_4ClO_4 などである.

(2) 誤　り　過塩素酸塩類○○ ClO_4 は塩素酸塩類○○ ClO_3 より安定な物質である.

(1)，(3)，(4)，(5) 正しい　そのまま覚えよう.

☆塩素酸塩類と過塩素酸塩類の水・アルコールの溶解について（まとめ）
○：溶けやすい　×：溶けにくい

塩素酸塩類	水	アルコール	過塩素酸塩類	水	アルコール
塩素酸カリウム	×	×	過塩素酸カリウム	×	×
塩素酸ナトリウム	○	○	過塩素酸ナトリウム	○	○
塩素酸アンモニウム	○	×	過塩素酸アンモニウム	○	○

・カリウムの塩素酸塩類，過塩素酸塩類ともに水・アルコール溶けにくい.
・ナトリウムの塩素酸塩類，過塩素酸塩類ともに水・アルコール溶けやすい.
・アンモニウムに関しては，塩素酸アンモニウムのみアルコールに溶けにくい.

問 6-2 解答 (3)

過塩素酸塩類といえば過塩素酸カリウム $KClO_4$，過塩素酸ナトリウム $NaClO_4$，過塩素酸アンモニウム NH_4ClO_4 などである.

(1) 誤　り　過塩素酸ナトリウムは，潮解性がある.

(2) 誤　り　過塩素酸カリウムは，水に溶けにくい.

(3) 正しい　硫黄（S），リン（P）は第2類の可燃性固体である．よって混合するのは危険である.

(4) 誤　り　無機過酸化物による火災の消火には注水は適さないが，過塩素酸塩類による火災の消火の方法は注水が適する.

(5) 誤　り　過塩素酸アンモニウムは無色の結晶である.

問 6-3 解答 (2)　過塩素酸カリウムの化学式は $KClO_4$ である.

(1)，(3) 正しい

(2) 誤　り　過塩素酸カリウムは潮解性のない無色の結晶である.

(4) 正しい　過塩素酸カリウムの比重は 2.52 である.

(5) 正しい　過塩素酸カリウムの爆発の危険性は，塩素酸カリウムより低い.

問6－4　**火災が起こった場合，過塩素酸ナトリウムと同一の室に貯蔵しない方がよい危険物の組合せを選べ.**

A　塩素酸ナトリウム
B　過酸化カリウム
C　塩素酸カリウム
D　硝酸アンモニウム
E　過酸化ナトリウム

(1) AB　(2) AE　(3) BC　(4) BE　(5) CD

●問７●　第１類の個々の物質の性状等　無機過酸化物

問7－1　**無機過酸化物の性状として，誤っているものを選べ.**

(1) 過酸化カルシウムは酸と反応して過酸化水素を生ずる.
(2) 過酸化カリウムは潮解性がある.
(3) 過酸化ナトリウムは水と作用してナトリウムと酸素を発生する.
(4) 過酸化マグネシウムは加熱すると酸素を発生し，酸化マグネシウムとなる.
(5) 過酸化バリウムは，水に溶けにくい.

問6-4解答 (4) B(過酸化カリウム)と E(過酸化ナトリウム)である.

各化学式は次の通りである.過塩素酸ナトリウム $NaClO_4$

A 塩素酸ナトリウム $NaClO_3$ B 過酸化カリウム K_2O_2

C 塩素酸カリウム $KClO_3$ D 硝酸アンモニウム NH_4NO_3

E 過酸化ナトリウム Na_2O_2

A～Eはすべて第1類の危険物である.Bの過酸化カリウムとEの過酸化ナトリウムは第1類のアルカリ金属の過酸化物である.アルカリ金属の過酸化物(K_2O_2など)は塩素酸塩類($NaClO_3$など)や硝酸塩類(NH_4NO_3など)と同一の部屋に貯蔵しない方がよい.その理由として消火方法の違いが挙げられる.アルカリ金属の過酸化物による火災の消火方法は乾燥砂などで,水は不可である.これに対し,その他の第1類[塩素酸塩類($NaClO_3$など)や硝酸塩類(NH_4NO_3など)]による火災の消火には水が適していることが挙げられる.

問7-1解答 (3)

無機過酸化物とは,Na_2O_2,K_2O_2,MgO_2,CaO_2,BaO_2などを考えればよい.

(1) 正しい 過酸化カルシウムの化学式は,CaO_2 例として塩酸と反応したときの反応式は次のとおりである.

$CaO_2 + 2HCl \rightarrow CaCl_2$(塩化カルシウム)$+ H_2O_2$(過酸化水素)

(2) 正しい 過酸化カリウムの化学式は,K_2O_2

(3) 誤 り 過酸化ナトリウムの化学式は,Na_2O_2 過酸化ナトリウムは水と作用して水酸化ナトリウムと酸素を発生する.ナトリウムではなく水酸化ナトリウムである.

反応式は次のとおりである.

$2NaO_2 + 2H_2O \rightarrow 4NaOH$(水酸化ナトリウム)$+ O_2$(酸素)

(4) 正しい 過酸化マグネシウムの化学式は,MgO_2

加熱したときの反応式は次のとおりである.

$2MgO_2 \rightarrow 2MgO$(酸化マグネシウム)$+ O_2$(酸素)

(5) 正しい 過酸化バリウムの化学式は,BaO_2

問7−2　**無機過酸化物の性状について，誤っている組合せを選べ．**

A　過酸化マグネシウムは，可燃物と混合すると摩擦，加熱などにより爆発する危険性がある．

B　無機過酸化物は，加熱すると分解して酸素を発生する．

C　過酸化ナトリウムは，加熱すると約100℃で分解して水素を発生する．

D　過酸化カリウムが水と反応すると，強酸の溶液となる．

(1) AB　(2) BC　(3) CD　(4) AD　(5) BD

問7−3　**過酸化ナトリウムによる火災の消火の方法として，正しいものを選べ．**

(1) 棒状の水を放射する．

(2) 泡を放射する．

(3) 霧状の水を放射する．

(4) 膨張真珠岩で消火する．

(5) 消火粉末（リン酸塩類等を使用するもの）を放射する．

問7−4　**過酸化ナトリウムの性状として，誤っているものを選べ．**

(1) 普通は淡黄色の粉末であるが，純粋なものは白色である．

(2) 水と反応して酸素と熱を発生し，水酸化ナトリウムを生ずる．

(3) 約660℃で分解して，酸素が発生する．

(4) 融点（ゆうてん）は約460℃である．

(5) 吸湿性はない．

問 7-2 解答 (3)　CとDが誤り.

A 正しい

B 正しい　例として無機過酸化物である過酸化カリウムを加熱した場合の反応式は,　$2K_2O_2 \rightarrow 2K_2O$（酸化カリウム）＋ O_2（酸素）

C 誤　り　過酸化ナトリウムは，約660℃で分解して酸素を発生する．反応式は，　$2Na_2O_2 \rightarrow 2Na_2O$（酸化ナトリウム）＋ O_2（酸素）…（一例）

D 誤　り　過酸化カリウムが水と反応して生じる溶液は，強アルカリである水酸化カリウムである．強酸ではない．反応式を下に示す．

$2K_2O_2$（過酸化カリウム）＋ $2H_2O \rightarrow 4KOH$（水酸化カリウム）＋ O_2（酸素）

問 7-3 解答 (4)　過酸化ナトリウムの化学式は Na_2O_2 である.

(1), (2), (3) 誤　り　水系の消火剤であるので不適である.

(4) 正しい　アルカリ金属の過酸化物は無機過酸化物に分類される．無機過酸化物の消火方法は水系の消火剤は適さない．砂系の消火剤（乾燥砂や膨張真珠岩など）を用いる.

(5) 誤　り　消火粉末（リン酸塩類等を使用するもの）は，火炎により多くの水が発生するので不適である.

参照

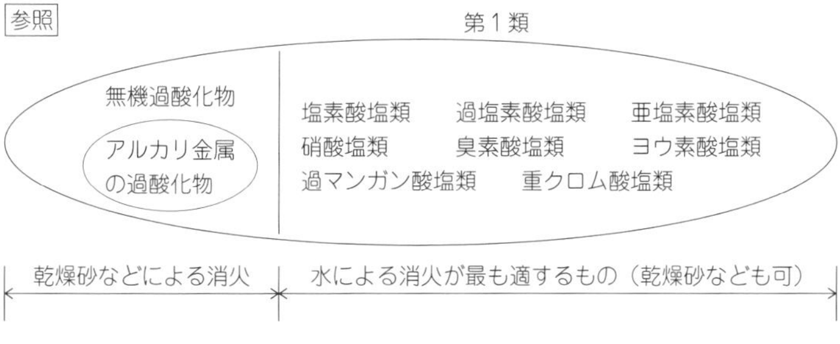

第1類

無機過酸化物（アルカリ金属の過酸化物）	塩素酸塩類　過塩素酸塩類　亜塩素酸塩類　硝酸塩類　臭素酸塩類　ヨウ素酸塩類　過マンガン酸塩類　重クロム酸塩類
乾燥砂などによる消火	水による消火が最も適するもの（乾燥砂なども可）

問 7-4 解答 (5)　過酸化ナトリウムの化学式は Na_2O_2 である.

(1), (3), (4) 正しい

(2) 正しい　$2Na_2O_2 + 2H_2O \rightarrow 4NaOH + O_2$

(5) 誤　り　吸湿性が強い.

問7－5　**過酸化ナトリウムの貯蔵・取扱いについて，正しいものの組合せを選べ．**

A　乾燥状態で保管する．

B　可燃物や有機物などから隔離する．

C　異物が混入しないように注意する．

D　安定剤として少量の硫黄を加える．

E　容器は密栓せずガス抜き栓を付ける．

⑴ ABC　⑵ ABE　⑶ ADE　⑷ BCD　⑸ CDE

問7－6　**過酸化カリウムの性状として，正しいものの組合せを選べ．**

A　潮解性があり，吸湿性も強い．

B　火災時の際には注水により消火するのがよい．

C　容器を密栓すると内圧が上昇するため通気性をもたせる．

D　融点は約 490 ℃である．

E　有機物との接触を避ける．

⑴ ABC　⑵ ABE　⑶ ADE　⑷ BCD　⑸ CDE

問7－7　**過酸化マグネシウムの性状として，誤っているものを選べ．**

⑴ 加熱すると酸素を発生して，酸化マグネシウムが生成する．

⑵ 有機物と混合した場合，加熱または摩擦により爆発する危険がある．

⑶ 形状は無色の粉末である．

⑷ 酸に溶かすと過酸化水素が発生する．

⑸ 注水による消火が最も有効である．

問 7-5 解答 (1)　ABC が正しい．過酸化ナトリウムの化学式は Na_2O_2 である．

A，B，C 正しい

D 誤　り　硫黄（いおう）は第2類の危険物である．発火・爆発の危険がある．

E 誤　り　吸湿性が強いため，容器は湿気が入らないように密栓しなければならない．

問 7-6 解答 (3)　ADE が正しい．過酸化カリウムの化学式は K_2O_2 である．

A，D，E 正しい

B 誤　り　アルカリ金属の過酸化物は水と反応して酸素を発生するので注水による消火は適さない．

C 誤　り　アルカリ金属の過酸化物は湿気や水と反応してしまうので密栓しなければならない．

問 7-7 解答 (5)　過酸化マグネシウムの化学式は MgO_2 である．

(1) 正しい　反応式は，$2MgO_2 \rightarrow 2MgO$（酸化マグネシウム）$+ O_2$（酸素）

(2)，(3) 正しい

(4) 正しい　代表的な酸である塩酸と反応した場合の反応式は次のようになる．

$MgO_2 + 2HCl$（塩酸）$\rightarrow MgCl_2$（塩化マグネシウム）$+ H_2O_2$（過酸化水素（かさんかすいそ））

(5) 誤　り　注水すれば，その水と反応して酸素を発生するので危険である．

$2MgO_2 + 2H_2O \rightarrow 2Mg(OH)_2 + O_2$（酸素）

問7－8　**過酸化カルシウムの性状として，誤っているものを選べ．**

(1) エーテルやエチルアルコールには溶けない．
(2) 白色又（また）は無色の粉末である．
(3) 水と作用して水素を発生する．
(4) 275 ℃以上に加熱すると爆発的に分解する．
(5) 希酸類（きさんるい）に溶けて，過酸化水素が発生する．

問7－9　**過酸化バリウムの性状として，誤っているものを選べ．**

(1) 水には溶けにくい．
(2) 形状は白色又は灰白色の粉末である．
(3) 可燃物や有機物と混ぜると，爆発する危険性がある．
(4) アルカリ土類金属の過酸化物のうちで，反応性が最も高い．
(5) 高温に熱すると，酸素と酸化バリウムとに分解する．

問7－10　**次の危険物の第１類のうち，水による消火が適さないものはいくつあるか．**

① 過酸化カルシウム　② 塩素酸カリウム　③ 過酸化ナトリウム
④ 過酸化カリウム　⑤ 過塩素酸アンモニウム　⑥ 過酸化バリウム
⑦ 塩素酸ナトリウム

(1) １つ　(2) ２つ　(3) ３つ　(4) ４つ　(5) ５つ

問 7-8 解答 (3)　過酸化カルシウムの化学式は CaO_2 である.

(1), (2), (4) 正しい

(3) 誤　り　過酸化カルシウム CaO_2 は水と作用して酸素を発生する.

$2CaO_2 + 2H_2O \rightarrow 2Ca(OH)_2$ (水酸化カルシウム) $+ O_2$ (酸素)

(5) 正しい　$CaO_2 + 2HCl \rightarrow 2CaCl_2$ (塩化カルシウム) $+ H_2O_2$ (過酸化水素)

問 7-9 解答 (4)　過酸化バリウムの化学式は BaO_2 である.

(1), (2), (3) 正しい

(4) 誤　り　アルカリ土類(どるい)金属の過酸化物のなかでは反応性が最も低い.

(5) 正しい　反応式は, $2BaO_2 \rightarrow 2BaO$ (酸化バリウム) $+ O_2$ (酸素)

問 7-10 解答 (4)

「過酸化…」となっている物品は水による消火は不適である. 各化学式が書けるようにしておくと解きやすい. 各化学式は

①過酸化カルシウム	CaO_2	②塩素酸カリウム	$KClO_3$
③過酸化ナトリウム	Na_2O_2	④過酸化カリウム	K_2O_2
⑤過塩素酸アンモニウム	NH_4ClO_4	⑥過酸化バリウム	BaO_2
⑦塩素酸ナトリウム	$NaClO_3$		

このうち①③④⑥の4つが水による消火が適切でない.

●問８●　第１類の個々の物質の性状等　亜塩素酸塩類（あえんそさんえんるい）

問8－1　亜塩素酸ナトリウムの性状として，誤っているものを選べ．

(1) 紫外線や直射日光でしだいに分解する．

(2) 白色の結晶又は結晶性の粉末である．

(3) 加熱すると分解して塩化ナトリウムと塩素酸ナトリウムになる．さらに加熱すると酸素が発生する．

(4) 硫酸や塩酸などの無機酸と接触して激しく反応するが，クエン酸，シュウ酸などの有機酸とは反応しない．

(5) 衝撃または摩擦によって爆発することがある．

問8－2　亜塩素酸ナトリウムの貯蔵・取扱いについて，誤っているものを選べ．

(1) 可燃物や有機物との接触や混合を避ける．

(2) 安定剤には酸を使用し，分解を抑制する．

(3) 金属粉と混合すると爆発する危険性があるため，接触や混合を避ける．

(4) 取扱う場合は有毒ガスが発生するため，換気は十分に行う．

(5) 直射日光を避けて，冷暗所に貯蔵する．

問8－3　亜塩素酸塩類が原因となる火災の消火方法について，正しいものはいくつあるか．

A　二酸化炭素消火剤で消火する．

B　泡消火剤で消火する．

C　強化液で消火する．

D　粉末消火剤（炭酸水素塩類を有するもの）で消火する．

E　ハロゲン化物消火剤で消火する．

(1) なし　(2) １つ　(3) ２つ　(4) ３つ　(5) ４つ

問 8-1 解答 (4)

(1), (2), (3), (5) 正しい

(4) 誤 り　硫酸（H_2SO_4），塩酸（HCl）等の無機酸と接触して激しく反応し，クエン酸 $C_6H_8O_7$，シュウ酸（$(COOH)_2$）等の有機酸とも反応する．

(3)の反応式は次の通りである．（参考まで）

$3NaClO_2$ → $NaCl$ ＋ $2NaClO_3$ ［いったん $NaClO_3$ になる．］
亜塩素酸ナトリウム　塩化ナトリウム　塩素酸ナトリウム

さらに熱すると

$4NaClO_3$ → $3NaClO_4$ ＋ $NaCl$ ［$NaClO_4$ に変化する］

$NaClO_4$ → $NaCl$ ＋ $2O_2$（酸素）［酸素を発生する］

これらをまとめると

$NaClO_2$ → O_2 ＋ $NaClO_3$ ＋ $NaCl$ （係数省略）となる．

問 8-2 解答 (2)

亜塩素酸（あえんそさん）ナトリウムの化学式は $NaClO_2$ である．基準となる塩素酸ナトリウム $NaClO_3$ より酸素 O が 1 つ少ない．

(1), (3), (5) 正しい

(2) 誤 り　酸と混合すると有毒ガスである二酸化塩素（にさんかえんそ）（ClO_2）が発生してしまう．

(4) 正しい　発生する有毒ガスとは二酸化塩素（ClO_2）である．

問 8-3 解答 (3)　B，C の 2 つが正しい．

亜塩素酸塩類とは $NaClO_2$（亜塩素酸ナトリウム）や $Ca(ClO_2)_2$（亜塩素酸カルシウム）を考えればよい．

A 誤 り　二酸化炭素消火剤による消火は効果がない．

B，C 正しい　無機過酸化物（Na_2O_2 など）以外の第 1 類の火災の消火方法は水系の消火方法が有効である．泡も強化液も水でできている．

D 誤 り　無機過酸化物（Na_2O_2 など）以外の第 1 類の火災の消火方法で粉末消火剤を使用する場合はリン酸塩類を有するものを使用する．炭酸水素塩類を有する粉末消火剤は効果がうすい．

E 誤 り　ハロゲン化物消火剤による消火は有毒ガスを発生するので，適さない．

●問9● 第1類の個々の物質の性状等　臭素酸塩類

問9−1　**臭素酸カリウムの性状として，誤っているものを次から選べ.**

(1) 水には溶けない.

(2) 無色の結晶である.

(3) 高温に熱すると，酸素と臭化カリウムに分解する.

(4) アルコールには溶けにくい.

(5) 強酸と接触すると分解し，酸素を発生する.

問9−2　**臭素酸カリウムの性状について，誤っているものを選べ.**

(1) 有機物と混合したものは，摩擦・加熱により爆発することがある.

(2) 温水にはよく溶けるが，冷水にはわずかに溶ける.

(3) 結晶性粉末で無色，無臭である.

(4) 水に溶かすと，酸化作用はなくなる.

(5) 370 ℃以上に加熱すると分解して酸素を発生する.

●問10● 第1類の個々の物質の性状等　硝酸塩類

問10−1　**硝酸カリウムの性状として，正しいものを選べ.**

(1) 単独では，加熱しても分解しない.　(2) 潮解性がある.

(3) 水より軽い.　(4) 水には溶けにくい.　(5) 無色の結晶である.

問10−2　**次の説明文の（　）内に当てはまる物質を選べ.**

「(　　　)，木炭，硫黄を粉末にして混合したものが黒色火薬である.」

(1) 塩素酸ナトリウム　(2) 硝酸カリウム　(3) 過酸化カリウム

(4) 過塩素酸ナトリウム　(5) 過マンガン酸カリウム

問 9-1 解答 (1) 臭素酸カリウムの化学式は $KBrO_3$ である．

(1) 誤　り　水に溶ける．

(2) 正しい

(3) 正しい　(3)の反応式は　$KBrO_3 \rightarrow O_2 + KBr$（係数省略）

(4) 正しい

(5) 正しい

問 9-2 解答 (4) 臭素酸カリウムの化学式は $KBrO_3$ である．

(1)，(2)，(3)，(5) 正しい　(5)の反応式は　$KBrO_3 \rightarrow O_2 + KBr$（係数省略）

(4) 誤　り　水に溶けると，酸化作用は強くなる．

問 10-1 解答 (5)

硝酸カリウムの化学式は KNO_3 である．天然には硝石として産出される．

(1) 誤　り　単独でも，加熱すると分解して酸素を発生する．

$$2KNO_3 \rightarrow \underset{\text{亜硝酸カリウム}}{2KNO_2} + \underset{\text{酸素}}{O_2}$$

(2) 誤　り　潮解性はない．

(3) 誤　り　水より重い．　比重は 2.1 である．

(4) 誤　り　水によく溶ける．

(5) 正しい

問 10-2 解答 (2)

黒色火薬は硝酸カリウム，木炭（C），硫黄（S）の粉末を混合したものである．
各化学式は次のとおりである．

(1) 塩素酸ナトリウム　$NaClO_3$　(2) 硝酸カリウム　KNO_3

(3) 過酸化カリウム　K_2O_2　(4) 過塩素酸ナトリウム　$NaClO_4$

(5) 過マンガン酸カリウム　$KMnO_4$

問10－3 **硝酸ナトリウムの性状として，誤っているものを選べ.**

(1) 加熱すると分解し，酸素を発生する.

(2) 固体の有機物と混合すると，衝撃により爆発する.

(3) 白色の粉体または無色の結晶である.

(4) 水より重い.

(5) 水に溶けない.

問10－4 **硝酸アンモニウムの性状として，誤っているものを選べ.**

(1) 常温では安定であるが，加熱すると分解する.

(2) 可燃物と混合すると，衝撃，加熱，摩擦等により発火または爆発する危険性がある.

(3) 強い酸化性を示す.

(4) 乾燥状態で腐食性はないが，吸湿しやすい. 吸湿すると腐食性を示す.

(5) 水によく溶け，溶けるときに熱を発生する.

問10－5 **硝酸アンモニウムの性状として，誤っているものを選べ.**

(1) 水にもエチルアルコールにも溶ける.

(2) 紙くず，木片等が混入した場合，加熱により発火して，激しく燃える.

(3) アルカリ性の物質と反応すると，水素ガスを発生する.

(4) 加熱すると分解し，約 210 ℃で有毒な一酸化二窒素が発生する.

(5) 無色の白色結晶である. 吸湿性をもつ.

問 10-3 解答 (5)　硝酸ナトリウムの化学式は $NaNO_3$ である.

(1) 正しい　$2NaNO_3 \rightarrow 2NaNO_2 + O_2$
　　　　　　亜硝酸(あしょうさん)ナトリウム　酸素

(2), (3) 正しい

(4) 正しい　比重 2.25

(5) 誤　り　水にはよく溶ける.

☆各設問の内容はそのまま覚えるとよい.

問 10-4 解答 (5)

硝酸アンモニウムの化学式は NH_4NO_3 である. 窒素肥料に利用される. 硝酸とアンモニアを化合してつくられる.

(1), (2), (3), (4) 正しい

(5) 誤　り　水によく溶け, 溶けるときに熱を吸収する.

☆各設問の内容はそのまま覚えるとよい.

問 10-5 解答 (3)

問題文内の各化学式は次のとおりである.

硝酸アンモニウム　NH_4NO_3　　一酸化二窒素(いっさんかにちっそ)　N_2O

エチルアルコール（エタノール）　C_2H_5OH

(1), (2), (4), (5) 正しい

(4)について　$NH_4NO_3 \rightarrow N_2O$（一酸化二窒素）$+ 2H_2O$

(3) 誤　り　アルカリ性の物質（例 NaOH）と反応して, アンモニア NH_3 を発生する.

$$NH_4NO_3 + NaOH \rightarrow NaNO_3 + NH_3 + H_2O$$

●問11●　第1類の個々の物質の性状等

その他（ヨウ素酸塩類，過マンガン酸塩類，重クロム酸塩類，三酸化クロム，二酸化鉛，亜硝酸塩類，次亜塩素酸塩類，ペルオキソ二硫酸カリウム，過炭酸ナトリウム）

問11－1　**ヨウ素酸ナトリウムの性状として，次のうち正しいものはどれか．**

(1) 黄色の結晶又は結晶性粉末である．

(2) 水に溶けない．

(3) 水より重い．

(4) 二酸化炭素消火設備で消火する．

(5) 加熱すると分解して，ヨウ素を発生する．

問11－2　**ヨウ素酸カリウムの性状として，誤っているものを選べ．**

(1) 水には溶けるが，エタノールには溶けない．

(2) 形状は白色（無色）の結晶又は結晶性粉末である．

(3) 加熱すると分解して，ヨウ素を発生する．

(4) 可燃物と混合して加熱すると爆発する危険性がある．

(5) 水より重い．

問11－3　**過マンガン酸カリウムの性状について，誤っているものを選べ．**

(1) 水にはよく溶ける．

(2) 可燃物と混ざったものは，加熱，衝撃等により爆発する危険性がある．

(3) 硫酸を加えると，爆発する危険性がある．

(4) 加熱すると約200℃で分解して，酸素を発生する．

(5) 白色の結晶である．

問 11-1 解答 (3)　ヨウ素酸ナトリウムの化学式は $NaIO_3$ である.

(1) 誤　り　無色の結晶又は結晶性粉末である.

(2) 誤　り　水には溶ける.

(3) 正しい　比重は 4.3 である.

(4) 誤　り　二酸化炭素などの不活性ガス消火設備は効果がない. 注水消火がよい.

(5) 誤　り　加熱により分解して, 酸素を発生する.

問 11-2 解答 (3)　ヨウ素酸カリウムの化学式は KIO_3 である.

(1), (2) 正しい

(3) 誤　り　加熱により分解して, 酸素を発生する.

(4) 正しい　第1類の共通の性状である.

(5) 正しい　比重は 3.9 である.

☆各設問内容はそのまま覚えるとよい.

問 11-3 解答 (5)　過マンガン酸カリウムの化学式は $KMnO_4$ である.

(1), (2), (3), (4) 正しい

(5) 誤　り　過マンガン酸カリウムは赤紫色の結晶である.

☆各設問内容はそのまま覚えるとよい.

問11－4 **次の説明文の（　）内に該当する語句として，正しい組合せを選べ．**

「硫酸酸性の過マンガン酸カリウムの水溶液は（　A　）色である．これに過酸化水素溶液を加えていくと，色はしだいに（　B　）なる．それは（　C　）の方が強い酸化力をもつためである．」

	A	B	C
(1)	橙	薄く	過マンガン酸カリウム
(2)	赤紫	薄く	過マンガン酸カリウム
(3)	赤紫	濃く	過マンガン酸カリウム
(4)	橙	薄く	過酸化水素
(5)	赤紫	濃く	過酸化水素

問11－5 **重クロム酸アンモニウムの性状として，誤っているものを選べ．**

(1) 形状は，橙赤色針状の結晶である．
(2) エタノールにはよく溶け，水にも溶ける．
(3) 約180 ℃に加熱すると，分解し窒素を発生する．
(4) ヒドラジンと混触すると，爆発することがある．
(5) 加熱すると，酸素を発生する．

問11－6 **重クロム酸カリウムの性状として，誤っているものを選べ．**

(1) 500 ℃になると分解して酸素を発生する．
(2) 結晶は橙赤色である．
(3) 水やエタノールによく溶ける．
(4) 腐食性がある．
(5) 有毒で，苦味がある．

問11－7 **重クロム酸カリウムの消火方法として，適切でないものを選べ．**

(1) 二酸化炭素消火剤を放射する．
(2) 粉末消火剤（リン酸塩類を有するもの）を放射する．
(3) 泡消火剤を放射する．
(4) 棒状の水を放射する．
(5) 霧状の強化液を放射する．

問 11-4 解答 (2)　文章をそのまま覚えるとよい.

問題文中の各化学式は次のとおりである.

過マンガン酸カリウム：$KMnO_4$　過酸化水素：H_2O_2

問 11-5 解答 (5)　重(じゅう)クロム酸アンモニウムの化学式は $(NH_4)_2Cr_2O_7$ である.

(1), (2) 正しい　(参考) エタノールの化学式は C_2H_5OH

(3), (4) 正しい　(4)について　ヒドラジンの化学式は N_2H_4 である.

(5) 誤　り　加熱して発生するのは, 他の第1類とは異なり酸素ガス O_2 ではなく, 窒素ガス N_2 である. 注意すること!

☆各設問の内容はそのまま覚えるとよい.

問 11-6 解答 (3)

重クロム酸カリウムの化学式は $K_2Cr_2O_7$ である. 二クロム酸カリウムともいう.

(1), (2), (4), (5) 正しい

(3) 誤　り　水には溶けるが, エタノールなどのアルコールには溶けない.

☆各設問の内容はそのまま覚えるとよい.

問 11-7 解答 (1)　重クロム酸カリウムの化学式は $K_2Cr_2O_7$ である.

(1) 誤　り　二酸化炭素消火剤は効果がない.

(2) 正しい　粉末消火剤 (リン酸塩類) OK

(3) 正しい　泡消火剤は水系であるので OK

(4) 正しい　水系 OK

(5) 正しい　霧状の強化液　水系 OK

☆ポイント　重クロム酸カリウムの消火には「水系の消火薬剤または粉末消火剤 (リン酸塩類を有するもの) である!

問11−8　**三酸化クロムの性状として，誤っているものを選べ．**

(1) 潮解性をもつ．

(2) 無色の結晶である．

(3) 水溶液にすると，腐食性の強い酸となる．

(4) 可燃物と混合すると，発火することがある．

(5) 加熱すると分解して，酸素を発生する．

問11−9　**二酸化鉛の性状として，誤っているものを選べ．**

(1) 白色の結晶である．

(2) 水には溶けない．

(3) 加熱すると分解して，酸素を発生する．

(4) エタノールには溶けない．

(5) 塩酸と熱すると，塩素が発生する．

問11−10　**亜硝酸ナトリウムの性状として，誤っているものを選べ．**

(1) 水によく溶ける．

(2) 淡黄色または白色の固体である．

(3) 可燃物と混合すると，発火するおそれがある．

(4) アンモニア塩類と混合されている場合，爆発することがある．

(5) 水溶液にすると，強い酸性を示す．

問 11-8 解答 (2) 三酸化クロムの化学式は CrO_3 である.

(1), (4) 正しい

(2) 誤　り　暗赤色の結晶である.

(3) 正しい　$CrO_3 + H_2O \rightarrow H_2CrO_4$（クロム酸）

腐食性の強い酸とはクロム酸のことである.

(5) 正しい　CrO_3 から O_2 が分離する.

☆各設問の内容はそのまま覚えるとよい. さらに三酸化クロムは「**毒性がある**」,「**水に溶ける**」ことも覚えておくとよい.

問 11-9 解答 (1) 二酸化鉛の化学式は PbO_2 である.

(1) 誤　り　黒褐色の粉末である.

(2), (3), (4) 正しい

(5) 正しい　$PbO_2 + 4HCl \rightarrow PbCl_2 + 2H_2O + Cl_2$（塩素）

塩酸　塩化鉛　水

☆各設問内容はそのまま覚えるとよい.

問 11-10 解答 (5)

亜硝酸ナトリウムの化学式は $NaNO_2$ である. 硝酸ナトリウム $NaNO_3$ より酸素が 1 つ少ないので「亜」が付く.

(1), (2), (3), (4) 正しい

(5) 誤　り　水溶液は, アルカリ性を示す.

問11－11　**次亜塩素酸カルシウムの性状として，誤っているものを選べ．**

(1) 水溶液は，光や熱により分解して酸素を発生する．

(2) 常温では安定しているが加熱した場合，分解，発熱して，塩素を発生する．

(3) 水と反応して，塩化水素を発生する．

(4) 空気中に置くと次亜塩素酸を遊離するので，塩素臭がある．

(5) アンモニアと混合すると爆発する危険性がある．

問11－12　**ペルオキソ二硫酸カリウムの性状として，誤っているものを選べ．**

(1) 水には溶けない．

(2) 形状は白色の結晶である．

(3) 冷暗所に乾燥状態で保管する．

(4) 100 ℃まで加熱すると，分解して酸素を放出する．

(5) 可燃物と混合した場合，発火しやすくなる．

問11－13　**炭酸ナトリウムの過酸化水素付加物（過炭酸ナトリウム）の貯蔵，取扱いについて，次のうち誤っているものを選べ．**

(1) 火災が発生した場合は，大量の水で消火するのが有効である．

(2) 貯蔵容器は，アルミニウム製や亜鉛製のものを用いない．

(3) 漂白作用及び酸化作用があるので，可燃性物質や金属粉末との接触を避ける．

(4) 不燃性であり，熱分解を起こすことはないので，高温でも取扱いができる．

(5) 水に溶けやすく，水溶液は放置するだけで過酸化水素と炭酸ナトリウムに分解するので，高湿下の環境での取扱いは避ける．

問 11-11 解答 (2)

次亜塩素酸(じあえんそさん)カルシウムの化学式は $Ca(ClO)_2$ である．プールの消毒などによく使用される．その他の化学式は，塩化水素 HCl，次亜塩素酸 HClO，アンモニア NH_3 である．

(1) 正しい

(2) 誤　り　加熱すると 150℃以上で分解し酸素を放出する．塩素ではない．

(3)，(4) 正しい

(5) 正しい　アンモニアは可燃物である．

☆各設問の内容はそのまま覚えるとよい．

参考までに(3)の詳細

次亜塩素酸カルシウムは水に溶解して，次亜塩素酸を生成する．

$Ca(ClO)_2 + H_2O \rightarrow HClO$ ＋残りの物質　（係数省略）

次亜塩素酸はさらに塩化水素と酸素になる．

$2HClO \rightarrow 2HCl$（塩化水素）$+ O_2$

問 11-12 解答 (1)　ペルオキソ二硫酸カリウムの化学式は $K_2S_2O_8$ である．

(1) 誤　り　水にわずかに溶ける．熱水には溶ける．

(2)，(3)，(4)，(5) 正しい

☆各設問の内容はそのまま覚えるとよい．

問 11-13 解答 (4)

過炭酸ナトリウムの化学式は $2Na_2CO_3 \cdot 3H_2O_2$ である．酸素漂白剤，台所用洗剤，配管洗浄剤などの成分として使用される．H25 年に新たに第1類に追加された．

(1)，(2)，(3)，(5) 正しい

(4) 誤　り　不燃性で，熱分解を起こし酸素を発生する．高温では取扱いができない．

☆各設問の内容はそのまま覚えるとよい．

第１類　◆補　足◆

ポイント１：各類の基本的性質と燃焼性

類の種類	基本的性質	燃焼性
第１類	酸化性固体	不燃性
第２類	可燃性固体	可燃性
第３類	自然発火性物質及び禁水性物質	可燃性，一部不燃性（炭化カルシウム，炭化アルミニウム，リン化カルシウムは不燃性である）
第４類	引火性液体	可燃性
第５類	自己反応性物質	可燃性（アジ化ナトリウムのみ不燃性で爆発性がある）
第６類	酸化性液体	不燃性

ポイント２：物質名の「過（か）」「亜（あ）」「次亜（じあ）」について

・基準となる物質に対し，酸素原子が１つ多いものには「過」を付ける．
・基準となる物質に対し，酸素原子が１つ少ないものには「亜」を付ける．
・基準となる物質に対し，酸素原子が２つ少ないものには「次亜」を付ける．
（例）

		↗	過塩素酸ナトリウム	$NaClO_4$
塩素酸ナトリウム	$NaClO_3$	→	亜塩素酸ナトリウム	$NaClO_2$
		↘	次亜塩素酸ナトリウム	$NaClO$
酸化ナトリウム	Na_2O	→	過酸化ナトリウム	Na_2O_2
酸化カルシウム	CaO	→	過酸化カルシウム	CaO_2
硝酸ナトリウム	$NaNO_3$	→	亜硝酸ナトリウム	$NaNO_2$

ポイント３：基本物質の名前の呼び方（矢印のように読んでいく．）

※塩素酸は $HClO_3$ であるが，呼び名の「酸」をうまく利用して化学式が書けるようにするとよい．

例１　塩素酸ナトリウム　$NaClO_3$　　Na（ナトリウム）　Cl（塩素）　O_3（酸素）

例２　塩素酸アンモニウム　NH_4ClO_3　　NH_4（アンモニウム）　Cl（塩素）　O_3（酸素）

例３　酸化カリウム　K_2O　　K_2（カリウム）　O（酸素）

名前から化学式が書けるようにしておくとよい！

ポイント４：中野の固体・液体判別表

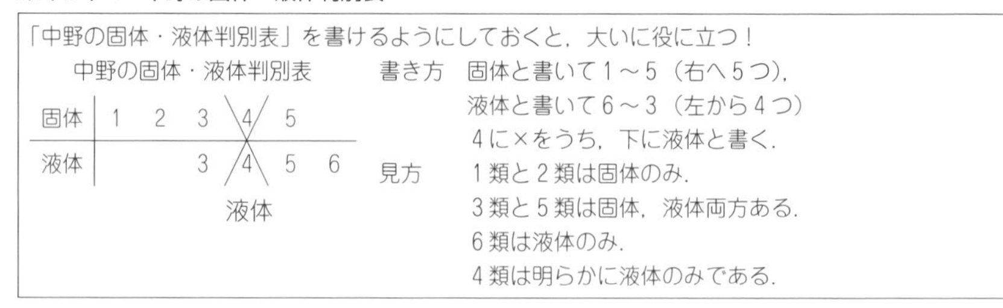

第２類

●問 1● 第１類～第６類までの一般的性状について
●問 2● 第２類の共通性状について
●問 3● 第２類の火災予防と貯蔵・取扱いについて
●問 4● 第２類の消火方法について
●問 5● 第２類の個々の物質の性状等：硫化リン
●問 6● 第２類の個々の物質の性状等：赤リン
●問 7● 第２類の個々の物質の性状等：硫黄
●問 8● 第２類の個々の物質の性状等：鉄粉
●問 9● 第２類の個々の物質の性状等：金属粉
●問 10● 第２類の個々の物質の性状等：マグネシウム
●問 11● 第２類の個々の物質の性状等：引火性固体

●問１●　第１類～第６類までの一般的性状について

問1－1　危険物の類ごとの性状として，正しいものはいくつあるか．

A　第１類と第５類は，一般に酸化力は強く可燃物や有機物を酸化させる．

B　第１類と第４類は，一般に可燃性である．

C　第３類と第４類は，一般に水に溶けやすい．

D　第３類と第５類は，固体又(また)は液体である．

E　第４類と第６類は，液体である．

(1) なし　(2) １つ　(3) ２つ　(4) ３つ　(5) ４つ

問1－2　危険物の類ごとの性状として正しいものを選べ．

(1) 第１類の危険物は，可燃性固体で，分子中に酸素を含んでおり，酸化性である．

(2) 第３類の危険物は，どれも自然発火性の物質である．

(3) 第４類の危険物は，どれも水には溶けない．

(4) 第５類の危険物は，加熱等により急激に発熱，分解する自己反応性物質である．

(5) 第６類の危険物は，酸化性の固体で，可燃物と接すると酸素が発生する．

問1－3　危険物の類ごとの性状について，正しいものを選べ．

(1) 第１類は，一般に可燃性であり，他の物質を酸化する酸素を分子内に含有している．

(2) 第３類は，空気又は水と接触すると発火又は可燃性ガスを発生することがある固体又は液体である．

(3) 第４類は，発火点を有し，発火点が高いほど発火する危険性が高い．

(4) 第５類は，どれも水より軽く，燃焼速度が速い液体の物質である．

(5) 第６類は，可燃性のものは有機化合物で，不燃性のものは無機化合物である．

問1-1解答 (3) DEの2つが正しい.

A 誤　り　第1類は酸化力が強いが，第5類は酸化力はないものが多い.（ただし，過酸化ベンゾイルや過酢酸は酸化力が強い）

B 誤　り　第4類は可燃性だが，第1類は不燃性である.

C 誤　り　第3類は水と激しく反応するものがある．第4類はガソリンなどのように，水に溶けにくいものが多い.

D，E 正しい

DとEについては「**中野の固体・液体判別表**」（98ページのポイント4参照）で解くことができる.

問1-2解答 (4)

(1) 誤　り　第1類の危険物は，酸化性固体で，分子中に酸素を含有しており，酸化性である.

(2) 誤　り　第3類の危険物は，どれも自然発火性または禁水性の物質である.

(3) 誤　り　第4類の危険物は，水には溶けないものが多い.

(4) 正しい　第5類の危険物は，自己反応性物質で，加熱等により急激に発熱，分解する.

(5) 誤　り　第6類の危険物は，酸化性の液体で，可燃物と接すると酸素を発生するとは限らない．ハロゲン間化合物は分子内に酸素を有していないため，酸素は発生しない.

☆第1類の補足（98ページ）のポイント1，4を参照.

問1-3解答 (2)

(1) 誤　り　第1類は，一般に不燃性であり，他の物質を酸化する酸素を分子内に含有している.

(2) 正しい

(3) 誤　り　第4類の危険物は，発火点を有し，発火点が高いほど発火する危険性が低い.

(4) 誤　り　第5類の危険物はどれも比重が1より大きく水より重い．燃焼速度が速い固体または液体の物質である.

(5) 誤　り　第6類の危険物は「酸化性液体」でありそれ自体は不燃性である．可燃性のものはない．また有機化合物ではなく，すべて無機化合物である.

●問 2● 第 2 類の共通性状について

問2－1　危険物の第 2 類の性状として，誤っているものを選べ．

(1) 酸，アルカリどちらにも溶けて水素を発生するものがある．
(2) 一般に塊状のものは粉状のものより着火しやすい．
(3) 燃焼のとき有毒ガスを発生するものもある．
(4) 可燃性であり，さらに引火性をもつものがある．
(5) 固体の可燃性物質である．

問2－2　危険物の第 2 類の性状として，誤っているものを選べ．

(1) 赤リンは，二酸化炭素と反応して五硫化リンを発生する．
(2) 五硫化リンは，水と反応して有毒な硫化水素を発生する．
(3) 硫黄を燃焼させると有毒な二酸化硫黄が発生する．
(4) アルミニウム粉を塩酸に溶かすと，水素が発生する．
(5) 亜鉛粉を水酸化ナトリウムに溶かすと，水素が発生する．

問 2-1 解答 (2)

第2類の危険物とは「可燃性固体」と定義されている．非常に燃えやすい固体である．例として赤リン（P），硫黄（S），硫化リン（P_XS_Y：X，Yは数字），鉄粉（Fe），マグネシウム（Mg）などである．

(1) 正しい　酸，アルカリいずれにも溶けて水素を発生するものにAl（アルミニウム粉）とZn（亜鉛粉）があり，これらを両性元素という．

(2) 誤　り　一般に塊状のものは粉状のものに比べ着火しにくい．

(3) 正しい　硫化リンは燃焼のとき二酸化硫黄（SO_2）と五酸化二リン（P_2O_5）を発生し，硫黄は燃焼のときSO_2を発生し，赤リンは燃焼のときにP_2O_5を発生する．

【注意】五酸化二リン（P_2O_5）は組成式であり，最近は分子式のP_4O_{10}（10酸化4リン：原子が全体に2倍になったもの）で出題されることが多い

(4) 正しい　第2類の危険物の分類で「引火性固体」というものがあり，固形アルコール，ゴムのり，ラッカーパテがそれにあたる．

(5) 正しい

問 2-2 解答 (1)

(1) 誤　り　赤リンは二酸化炭素と反応しない．（参考）赤リンの化学式はPで，五硫化リンの化学式はP_2S_5である．

(2) 正しい　（参考）五硫化リンの化学式はP_2S_5，硫化水素の化学式はH_2Sである．「五酸化二リン」を「五酸化リン」と略すことがある．

$P_2S_5 + 8H_2O \rightarrow 2H_3PO_4 + 5H_2S$　　H_3PO_4（リン酸），H_2S（硫化水素）

五硫化二リンの分子式はP_4S_{10}で，組成式はその半分のP_2S_5である．

(3) 正しい　$S + O_2 \rightarrow SO_2$　　（参考）硫黄の化学式はSである．

(4) 正しい　$2Al + 6HCl \rightarrow 2AlCl_3 + 3H_2$　　（参考）塩酸（HCl）は強酸である．

(5) 正しい　（参考）$Zn + 2NaOH + 2H_2O \rightarrow Na_2[Zn(OH)_4] + H_2$

テトラヒドロキシド亜鉛酸ナトリウム

なお，(4)，(5)のAl（アルミニウム），Zn（亜鉛）は酸にもアルカリにも溶けてH_2（水素）を発生する．いわゆる両性元素である．

（参考）水酸化ナトリウム（NaOH）は強アルカリである．

問2−3 **次の第2類の危険物で，常温（20℃）で水と徐々に反応して有毒な可燃性の気体を発生するものを選べ.**

(1) アルミニウム粉
(2) 固形アルコール
(3) 赤リン
(4) 鉄粉
(5) 五硫化リン

問2−4 **次の危険物の第2類のうち，両性元素のみの組合せを選べ.**

(1) S（硫黄）とP（赤リン）
(2) S（硫黄）とZn（亜鉛粉）
(3) P（赤リン）とMg（マグネシウム）
(4) Fe（鉄粉）とMg（マグネシウム）
(5) Al（アルミニウム粉）とZn（亜鉛粉）

問2−5 **危険物の第2類の燃焼生成物について，誤っているものを選べ.**

(1) 赤リンを燃焼させると，酸化リンが生成する.
(2) アルミニウム粉を燃焼させると，酸化アルミニウムが生成する.
(3) マグネシウムを燃焼させると，酸化マグネシウムが生成する.
(4) 硫黄を燃焼させると，二酸化硫黄が生成する.
(5) 硫化リンを燃焼させると，二酸化硫黄とリン化水素が生成する.

問 2-3 解答 (5)

(1) 誤　り　アルミニウム粉は水とは徐々に反応して，水素を発生するが，水素は有毒ではない．

(2) 誤　り　固形アルコール（C_2H_5OH ＋凝固剤）．成分はアルコールと同じ．水と反応しない．

(3) 誤　り　赤リンは，水と反応しない．

(4) 誤　り　鉄粉は水と徐々に反応して水素 H_2 を発生することがあるが，水素は有毒な可燃性気体ではない．（参考）熱水とは激しく反応して水素を発生する．

(5) 正しい　（参考）$P_2S_5 + 8H_2O \rightarrow 2H_3PO_4 + 5H_2S$（$H_3PO_4$：リン酸，$H_2S$：硫化水素）

有毒・可燃性の硫化水素を発生する．

問 2-4 解答 (5)　Al（アルミニウム）と Zn（亜鉛）が両性元素である．

両性元素とは，酸にもアルカリにも反応して水素（H_2）を発生するものをいう．元素のなかで両性元素は Al（アルミニウム），Zn（亜鉛），Sn（スズ），Pb（鉛）の4つである．このうち危険物に指定されているものは Al 粉と Zn 粉である．Mg（マグネシウム），P（赤リン），S（硫黄）は両性元素ではない．

問 2-5 解答 (5)

(1) 正しい　$P + O_2 \rightarrow P_2O_5$（酸化リン），正式には五酸化二リン．（係数省略）

(2) 正しい　$Al + O_2 \rightarrow Al_2O_3$（酸化アルミニウム）（係数省略）

(3) 正しい　$2Mg + O_2 \rightarrow 2MgO$（酸化マグネシウム）

(4) 正しい　$S + O_2 \rightarrow SO_2$（二酸化硫黄）

(5) 誤　り　代表として三硫化リンで考えると，$P_4S_3 + 8O_2 \rightarrow 3SO_2 + 2P_2O_5$ 生成するものは二酸化硫黄 SO_2 と五酸化二リン P_2O_5 である．リン化水素（PH_3）は生成しない．…反応式はあえて覚える必要はない．

正式な反応式は

$4P + 5O_2 \rightarrow P_4O_{10}$（10酸化4リン）である．

問2－6　**危険物の第2類に共通する性状として，正しいものの組合せを選べ.**

A　赤リンは，比較的安定しており，粉じん爆発を起こすことはない.

B　金属粉は，いずれも沸点と融点が高いので，空気中の水分程度では，自然発火しない.

C　第2類は，第1類などの酸化剤と接触すると，発熱して分解するので接触させないようにする.

D　硫化リンは，空気中の湿気で分解するため，石油中に貯蔵する.

(1) A　(2) B　(3) C　(4) AB　(5) ABD

問2－7　**危険物の第2類の性状として，正しいものを選べ.**

(1) 赤リンは，安定であるため，酸化剤と接触しても発火する危険性はない.

(2) 金属粉は，沸点と融点が高いので，自然発火する危険性はない.

(3) アルミニウム粉は，空気中の水分と接触しても，自然発火する危険性はない.

(4) 硫化リンは，水分と接触させないようにするため，密栓して貯蔵する.

(5) 硫黄は，水に溶けないため，水では消火できない.

●問3●　第2類の火災予防と貯蔵・取扱いについて

問3－1　**危険物の第2類に共通する火災予防の方法として，誤っているものを選べ.**

(1) 冷暗所に貯蔵する.

(2) 炎，火花若しくは高温体との接近又は加熱を避ける.

(3) 還元剤との接触を避ける.

(4) 防湿に注意して，容器は密封する.

(5) 引火性固体については，みだりに蒸気を発生させない.

問 2-6 解答 (3)　C のみ正しい.

A 誤　り　赤リンは，微粉にすれば，粉じん爆発を起こすことがある.

B 誤　り　正しくは「金属粉は，空気中の水分程度で，自然発火することがある.」またハロゲン元素と触れて自然発火することがある.

C 正しい　第 1 類のほか第 6 類の危険物も酸化剤である.

D 誤　り　硫化リンは，空気中の湿気で分解するため，容器に入れ密栓する. 石油中ではない.

(B の参考) 金属粉は融点，沸点とも高いが，自然発火するか否かとは関係ない. (参考まで) Zn 粉は融点約 420 ℃，沸点 907 ℃，Al 粉は融点 660 ℃，沸点 2 450 ℃.

問 2-7 解答 (4)

(1) 誤　り　赤リンは，安定である. しかし酸化剤と接触すると発火する危険性がある.

(2) 誤　り　金属粉は沸点と融点が高いが，そのことと自然発火とは関係ない. 空気中の水分で自然発火することがある.

(3) 誤　り　アルミニウム粉(ふん)は，空気中の水分およびハロゲン元素と触れて自然発火する危険性がある.

(4) 正しい

(5) 誤　り　硫黄(いおう) (S) は，水には溶けず，水に反応しないため，水で消火できる. 水に溶けるか，溶けないかは消火するのにあたり，関係ない.

問 3-1 解答 (3)

(1)，(2) 正しい

(3) 誤　り　第 2 類は還元剤である. 還元剤どうしの接触は問題ない. 第 2 類は酸化剤（第 1 類や第 6 類など）との接触は避けなければならない.

(4) 正しい　鉄粉，金属粉，マグネシウム，硫化リンなどに関しては，防湿に注意しなければならない.

(5) 正しい　引火性固体の例として「固形アルコール，ゴムのり，ラッカーパテなど」がある.

問3－2　**第 2 類の危険物に共通する火災予防上の注意事項として，正しいものを選べ．**

(1) 水で湿らせた状態にしておくか，またはすべて水中に貯蔵する．
(2) 貯蔵容器は，必ず不燃材料のものを選ぶ．
(3) 可燃性ガスを発生するため，密閉しておくと高圧になり危険性が増すので，容器は必ず通気孔（つうきこう）を設けておく．
(4) 特に第 1 類の危険物との接触は，避ける．
(5) 高温の物質に触れても危険ではないが，直火に接すると危険である．

問3－3　**危険物の第 2 類の貯蔵・取扱いの基準について，火災予防の方法として誤っているものを選べ．**

(1) 火花，炎または高温体との接近または加熱を避ける．
(2) 酸化剤との混合または接触を避ける．
(3) 硫黄および赤リンは，空気との接触を避ける．
(4) 鉄粉，金属粉及びマグネシウム並びにこれらのいずれかを含有するものにあっては，水や酸との接触を避ける．
(5) 引火性固体については，みだりに蒸気を発生させない．

問3－4　**危険物の第 2 類の貯蔵上の注意事項として，誤っているものを選べ．**

(1) 硫化リンは，酸化剤から隔離して貯蔵する．
(2) アルミニウム粉は，乾燥した場所に貯蔵する．
(3) 硫黄は，二硫化炭素の中に貯蔵する．
(4) 赤リンは，火気等は近づけないように貯蔵する．
(5) 引火性固体は，換気のよい場所で貯蔵する．

問 3-2 解答 (4)

(1) 誤　り　水につけてはいけない．湿気を避け，容器を密栓するのが基本である．ただし硫黄（S）は湿気は問題なく，麻袋に入れて貯蔵する．

(2) 誤　り　貯蔵容器は，必ず不燃材料とは限らない．硫黄（S）は麻袋（あさぶくろ）（可燃物）に入れて貯蔵する．

(3) 誤　り　常に可燃性ガスを発生するわけではない．容器は湿気を避け密栓するのが基本である．

(4) 正しい　第 1 類は「酸化性固体」であるので接触は避けなければならない．

(5) 誤　り　高温の物質に触れると危険である．直火（じかび）に接するとさらに危険である．

問 3-3 解答 (3)

(1)，(2) 正しい

(3) 誤　り　赤リン（P）および硫黄（S）は，空気や水との接触は問題ない．

(4) 正しい　例としてマグネシウムと水が接触した場合，水素が発生し，それが発生した熱により燃える．

$$Mg + 2H_2O \rightarrow Mg(OH)_2 + H_2$$

（$Mg(OH)_2$：水酸化マグネシウム，H_2：水素）

(5) 正しい

問 3-4 解答 (3)

(1) 正しい　「硫化リン」には三硫化リン，五硫化リン，七硫化リンがある．第 2 類は可燃性固体であるので酸化剤（第 1 類や第 6 類など）から隔離（かくり）して貯蔵しなければならない．

(2) 正しい　アルミニウム粉は，空気中の湿気で反応してしまうため，乾燥した場所に貯蔵する．

(3) 誤　り　硫黄は二硫化炭素に溶けてしまう．麻袋（あさぶくろ）などに入れて貯蔵する．

(4) 正しい

(5) 正しい　引火性固体の代表的なものに固形アルコールがある．

問3－5　**第 2 類の危険物の貯蔵上の注意事項として，誤っているものを選べ．**

(1) 三硫化リンは，約 100 ℃で発火の危険性があるため高温には注意する．

(2) 硫黄は，空気中に飛散すると粉じん爆発することがあるため換気には注意する．

(3) 硫黄は，流動性があるため水中に貯蔵する．

(4) マグネシウムは空気中で吸湿すると発熱するため容器は常に密栓する．

(5) ゴムのりは，日光により分解することがあるため直射日光を避ける．

●問 4●　第 2 類の消火方法について

問4－1　**危険物の第 2 類とその火災に適応する消火剤との組合せで適切なものを選べ．**

(1) 赤リン……………………………ハロゲン化物

(2) 引火性固体………………………泡消火剤

(3) アルミニウム粉…………………二酸化炭素

(4) 五硫化リン………………………消火粉末（炭酸水素塩類）

(5) 鉄粉………………………………強化液

問4－2　**危険物の第 2 類とその火災に使用する消火剤との組合せで，適切なものはいくつあるか．**

A　マグネシウム…………………二酸化炭素

B　赤リン…………………………水

C　三硫化リン……………………乾燥砂

D　硫黄……………………………消火粉末（炭酸水素塩類）

E　アルミニウム粉………………ハロゲン化物

(1) なし　(2) 1 つ　(3) 2 つ　(4) 3 つ　(5) 4 つ

問 3-5 解答 (3)

(1) 正しい　三硫化リン P_4S_3 の発火点は，100 ℃である．

(2) 正しい　（参考）硫黄（S）や赤リン（P）の粉塵(ふんじん)は粉じん爆発を起こす．

(3) 誤　り　硫黄（S）は，黄色の固体粉末である．燃焼の際，融点は 115 ℃と低いので，流動することがある．しかし常温では流動性はない．「水中に貯蔵する」は誤りである．麻袋(あさぶくろ)等に貯蔵する．

(4) 正しい　（参考）マグネシウムの化学式は Mg である．

(5) 正しい　ゴムのりは，第 2 類の「引火性固体」に分類される．

問 4-1 解答 (2)

(1) 誤　り　ハロゲン化物は有毒ガスを発生するため不適である．

(2) 正しい　引火性固体の代表的なものは固形アルコールである．第 4 類のアルコールの消火剤を考えればよい．アルコール火災に泡は最適である．

(3) 誤　り　アルミニウム粉の火災に，二酸化炭素は効果がない．

(4) 誤　り　五硫化リンの火災には，乾燥砂や不燃性ガスにより窒息消火するのが最もよい．

(5) 誤　り　強化液は水系であるので鉄粉の火災には不適である．

問 4-2 解答 (3)　適切なものは BC の 2 つとなる．

A 誤　り　マグネシウム Mg の火災に二酸化炭素は効果がない．乾燥砂又は金属火災用(きんぞくかさいよう)粉末消火剤を用いる．

B 正しい　赤リン P の消火には水が適する．

C 正しい　乾燥砂は第 2 類の危険物すべてに適する．

D 誤　り　硫黄（S）の消火には，水と乾燥砂等を用いて消火する．（融点が 115 ℃と低いため）

E 誤　り　ハロゲン化物消火剤は，消火の際，有毒ガスを発生するので適さない．

☆第 2 類の補足（130 ページ）のポイント 1 を参照．

問4－3　**次の危険物の第２類のうち，その火災の場合，水による消火が適切なものを選べ．**

(1) 鉄粉　(2) 赤リン　(3) 亜鉛粉
(4) マグネシウム　(5) アルミニウム粉

問4－4　**危険物の第２類の消火方法として，正しいものはいくつあるか．**

A　硫黄の火災は，注水して冷却する．
B　硫化リンの火災は，乾燥砂で窒息消火する．
C　固形アルコールの火災は，二酸化炭素消火剤で消火する．
D　アルミニウム粉の火災は，ハロゲン化物消火剤で消火する．
E　マグネシウムの火災は，泡消火剤で消火する．

(1) １つ　(2) ２つ　(3) ３つ　(4) ４つ　(5) ５つ

問4－5　**危険物の第２類の消火方法として，正しいものを選べ．**

(1) 赤リンの火災では，二酸化炭素消火剤の放射が最も効果がある．
(2) 三硫化リンの火災では，強化液消火剤の放射が最も効果がある．
(3) 鉄粉の火災では，乾燥砂による消火は適切ではない．
(4) マグネシウムの火災では，注水消火が効果がある．
(5) 亜鉛粉の火災では，乾燥砂による消火が最も効果がある．

問4－6　**次の危険物の第２類のうち通常の可燃物とほぼ同様の消火方法が可能なものを選べ．**

(1) 亜鉛粉　(2) マグネシウム　(3) 七硫化リン
(4) 固形アルコール　(5) アルミニウム粉

問 4-3 解答 (2)　不適切なものは(1)，(3)，(4)，(5)である．

水が適するものは(2)の赤リン（P）のみである．亜鉛粉（Zn），鉄粉（Fe），アルミニウム粉（Al），マグネシウム（Mg）は火災時に水をかけると水素を発生するため，さらに危険な状態になる．

問 4-4 解答 (3)　ABCの3つが正しい．

A 正しい　（参考）硫黄（S）

B 正しい　（参考）硫化リン（P_XS_Y：$_X$，$_Y$は数字）

C 正しい　固形アルコールはアルコールを凝固剤で固めたものである．消火方法は第4類のアルコールと同じである．よって二酸化炭素消火剤は適する．

D 誤　り　ハロゲン化物消火剤は有毒ガスを発生するので不適．

E 誤　り　泡消火剤は水系である．水系はマグネシウム火災に不適（水素を発生するため）．

問 4-5 解答 (5)

(1) 誤　り　赤リンの火災では，水の放射が最も効果的である．

(2) 誤　り　三硫化リンの火災では，乾燥砂又は不活性ガスによる窒息消火が最も効果的である．

(3) 誤　り　鉄粉の火災では，乾燥砂による消火は適切である．

(4) 誤　り　マグネシウムの火災では，注水消火は不適切である．水素 H_2 を発生し爆発することがある．

(5) 正しい

問 4-6 解答 (4)

「通常の可燃物」とは，木材や第4類のガソリンや灯油などを考えればよい．

(1)，(2)，(3)，(5) 誤　り

(4) 正しい　固形アルコールはアルコールを凝固剤で固めたものである．消火方法は第4類のアルコールと同じである．

（参考）各化学式は，亜鉛粉（Zn），マグネシウム（Mg），七硫化リン（P_4S_7），固形アルコール（C_2H_5OH ＋凝固剤），アルミニウム粉（Al）

● 問 5 ● 第 2 類の個々の物質の性状等　硫化リン（P_xS_y）

問5－1　**次の硫化リンの説明で，正しいものの組合せを選べ.**

A　三硫化リンと五硫化リンは，どちらも水より軽い.

B　三硫化リンの発火点は，約 100 ℃である.

C　五硫化リンは，水と反応して有毒ガスである硫化水素を発生する.

D　五硫化リンは，常温（20 ℃）では白色の液体である.

(1) AB　(2) AC　(3) BC　(4) BD　(5) CD

問5－2　**三硫化リン，五硫化リン，七硫化リンに共通する性状として，正しいものを選べ.**

(1) 約 100 ℃で融解する.

(2) 橙色（だいだいいろ）の結晶である.

(3) 室温で加水分解して有毒な可燃性ガスが発生する.

(4) 燃焼すると有毒ガスが発生する.

(5) 水より軽く，水に浮く.

問5－3　**五硫化リンの性状として，誤っているものを選べ.**

(1) 約 100 ℃になると発火する.

(2) 淡黄色の結晶である.

(3) 水と作用してしだいに分解する.

(4) 二硫化炭素やベンゼンに溶ける.

(5) 水と反応すると有毒ガスが発生する.

問 5-1 解答 (3)　BC が正しい

A 誤　り　三硫化（さんりゅうか）リンと五硫化（ごりゅうか）リンはどちらも水より重い．比重は約2である．

B 正しい

C 正しい　有毒ガスである硫化水素（H_2S）を発生する反応式は次のとおりである．（参考まで）

$P_2S_5 + 8H_2O \rightarrow 2H_3PO_4 + 5H_2S$　（有毒・可燃性）

リン酸　硫化水素

D 誤　り　五硫化リンは，常温（20 ℃）では黄色の結晶である．白色の液体ではない．

問 5-2 解答 (4)

(1) 誤　り　それぞれの融点は，P_4S_3：172.5 ℃，P_2S_5：290.2 ℃，P_4S_7：310 ℃であり，約 100 ℃では融解しない．

(2) 誤　り　淡黄色（たんおうしょく）または黄色の結晶である．

(3) 誤　り　P_4S_3 は室温の水では加水分解しない．熱湯とは反応して H_2S を発生する．

(4) 正しい　燃焼して有毒ガス（SO_2 と P_2O_5）を発生する．

SO_2：二酸化硫黄　P_2O_5：五酸化二リン（P_4O_{10}：10 酸化 4 リン）

最近，10 酸化 4 リンと表現されることが多い．

(5) 誤　り　比重は1より大きい．水より重く，水に沈む．

☆第2類の補足（130 ページ）のポイント2を参照．

問 5-3 解答 (1)　（参考）五硫化リンの化学式は P_2S_5 である．

(1) 誤　り　P_2S_5 の発火点は 287 ℃であり，100 ℃では発火しない．五硫化リンの発火点は約 300 ℃と覚えておくとよい．

（参考）100 ℃は三硫化リンの発火点である．

(2)，(3)，(4)，(5) 正しい

(5)について，水と反応して発生する有毒ガスは，硫化水素（H_2S）である．

$P_2S_5 + 8H_2O \rightarrow 2H_3PO_4 + 5H_2S$　（有毒・可燃性）

リン酸　硫化水素

問5－4　**硫化リンの貯蔵・取扱いについて，正しいものはいくつあるか．**

A　火気との接触，加熱，衝撃を避(さ)ける．

B　冷暗所に，換気をよくして貯蔵する．

C　水に湿潤させて貯蔵する．

D　容器のふたは通気性のあるものを使用する．

E　第１類などの酸化性物質との混合を避ける．

(1) なし　(2) １つ　(3) ２つ　(4) ３つ　(5) ４つ

●問６●　第２類の個々の物質の性状等　赤リン（P）

問6－1　**赤リンの性状として，次のうち誤っているものはどれか．**

(1) 赤褐色(あかかっしょく)の粉末である．

(2) 黄リンとは同素体の関係にある．

(3) 二硫化炭素にはよく溶けるが，水には溶けにくい．

(4) 反応は，黄リンよりも不活性である．

(5) 純粋なものは，空気中に放置しても自然発火しない．

問6－2　**赤リンの性状として，誤っているものを選べ．**

(1) 赤褐色の粉末で無臭無毒である．

(2) 常圧で加熱すると，約 400 ℃で昇華する．

(3) 弱アルカリ性溶液と反応して，リン化水素を生成する．

(4) 燃焼生成物は強い毒性をもつ．

(5) 発火温度は約 260 ℃である．

問5-4解答 (4)　ABEの3つが正しい.

A 正しい　硫化リンのみならず第2類の危険物すべてに当てはまる内容である.

B 正しい

C 誤　り　硫化リン（P_XS_Y）は水と作用して，可燃性かつ有毒なガスである硫化水素（H_2S）を発生するので，水に接触させてはならない.

D 誤　り　硫化リン（P_XS_Y）の貯蔵方法は「容器は密栓する」である．通気性はあってはいけない.

E 正しい　硫化リン（P_XS_Y）は第2類である．第2類は酸化性物質（第1類や第6類など）との混合は避けなければならない.

問6-1解答 (3)

(1) 正しい

(2) 正しい　黄リン（P）は第3類，赤リン（P）は第2類で，その関係は同素体である.

(3) 誤　り　赤リンは水にも，二硫化炭素（CS_2）にも溶けない.

(4)，(5) 正しい

問6-2解答 (3)

ヒント　第3類の黄リン（P）と第2類の赤リン（P）との関係は，黄リンを窒素中で約250℃で数時間熱してつくられるのが赤リンである．マッチの側薬に使われる．マッチの側薬から，色は赤褐色が思い出される.

(1)，(2) 正しい

(3) 誤　り　（参考）リン化水素が発生するのは，第3類のリン化カルシウムである．リン化カルシウムは水又は弱酸と反応してリン化水素を発生する．赤リンではない.

(4) 正しい　燃焼反応式は，$4P + 5O_2 \rightarrow 2P_2O_5$（五酸化二リン）

燃焼生成物の五酸化二リンは強い毒性を有する．五酸化二リンは「酸化リン」と略して呼ぶこともある.

(5) 正しい　赤リンの発火点は約260℃.

問6－3　**赤リンの性状として，正しいものを選べ．**

(1) 赤褐色の粉末である．

(2) 空気中で自然発火する．

(3) 特有の臭気を有している．

(4) 空気中でリン光を発する．

(5) 水に溶けないが，二硫化炭素に溶ける．

●問７●　第２類の個々の物質の性状等　硫黄（S）

問7－1　**硫黄の性状として，誤っているものを選べ．**

(1) 同素体には，単斜硫黄，斜方硫黄およびゴム状硫黄などがある．

(2) 摩擦等が起こった場合，静電気が発生しやすい．

(3) 二硫化炭素には溶けやすいが，水には溶けない．

(4) 粉末状にすると粉じん爆発の危険性がある．

(5) 加熱すると，70 ℃付近で溶融し始める．

問7－2　**硫黄の火災で最も効果的な消火方法を選べ．**

(1) 水と土砂等を用いて消火する．

(2) 二酸化炭素消火剤で消火する．

(3) ハロゲン化物消火剤で消火する．

(4) 消火粉末で消火する．

(5) 泡消火剤で消火する．

問 6-3 解答 (1)

(1) 正しい

(2) 誤　り　空気中で自然発火しない．空気中で自然発火するのは第 3 類の自然発火性物質（黄リンなど）である．

(3) 誤　り　赤リン（P）には，臭気も毒性もない．

(4) 誤　り　空気中で青白色のリン光（こう）を発するのは，第 3 類の黄リン（P）である．

(5) 誤　り　水に溶けない．二硫化炭素（CS_2）にも溶けない．

問 7-1 解答 (5)　（参考）硫黄（いおう）の化学式は S である．

(1)，(2)，(3) 正しい

（参考）(3)について，硫黄（S），二硫化炭素（CS_2）ともに S が共通である．溶けやすい要因の 1 つである．火山には硫黄 S の塊（かたまり）があるが，雨が降って溶けるわけではない．（水には溶けないことがわかる）

(4) 正しい　（参考）硫黄の燃焼反応式　$S + O_2 \rightarrow SO_2$（二酸化硫黄）　有毒

(5) 誤　り　融点は 115 ℃である．70 ℃付近で溶融（ようゆう）しない．

問 7-2 解答 (1)

硫黄の火災では，水と土砂等を用いて消火するのが一番効果的である．

(1) 正しい　硫黄は融点が 115 ℃と低いため，流動することがあるので，水と砂等を用いる．

(2) 誤　り　二酸化炭素消火剤は効果がない．

(3) 誤　り　ハロゲン化物消火剤は有毒ガスを発生する．

(4) 誤　り　消火粉末は効果がない．

(5) 誤　り　泡消火剤は効果はあるが，最も効果的な消火方法となると「水と土砂等」である．

問7−3　硫黄の貯蔵・取扱いについて，誤っているものを選べ.

(1) 塊状（かいじょう）のものは，紙袋や麻袋（あさぶくろ）に詰めて貯蔵する.
(2) 摩擦等による静電気の蓄積を防止する.
(3) 空気中に微粉を浮遊させないようにする.
(4) 屋外に貯蔵することはできない.
(5) 酸化剤と隔離して貯蔵する.

●問８●　第２類の個々の物質の性状等　鉄粉（Fe）

問8−1　鉄粉の性状として，誤っているものはいくつあるか.

A　燃焼すると，白っぽい灰になる.
B　微粉状のものは発火する危険性がある.
C　希塩酸には溶けるが，水酸化ナトリウム水溶液にはほとんど溶けない.
D　燃焼する際，白いせん光を放って，気体の二酸化鉄になる.
E　酸化剤である.

(1) なし　(2) １つ　(3) ２つ　(4) ３つ　(5) ４つ

問8−2　鉄粉の性状について，誤っているものを選べ.

(1) 鉄は強磁性体であり，鉄粉も同様である.
(2) 灰白色の粉末である.
(3) 空気中で酸化されやすく，湿気によってさびが発生する.
(4) 貯蔵や取り扱う場合には，加熱や火気をさける.
(5) 消火の方法は，水によるのが最も効果的である.

問 7-3 解答 (4)

(1) 正しい

(2) 正しい　硫黄は第2類の危険物「可燃性固体」である．静電気の蓄積は点火源になる．

(3) 正しい　粉じん爆発の防止に気をつける．

(4) 誤　り　硫黄（S）は屋外に貯蔵することができる．なお，火山に行くと硫黄の塊（かたまり）がごろごろあり，水はOK，外はOKということがわかる．

(5) 正しい　硫黄は還元剤である．酸化剤（第1類や第6類など）とは隔離して貯蔵する．

問 8-1 解答 (4)　ADEの3つが誤りである．

A 誤　り　燃焼すると，黒っぽい灰になる．

B 正しい　微粉状にすると表面積が大きくなり，酸素と反応しやすくなり発火する危険性がある．さらに微粉状のものが空気と混ざり粉じんとなれば，粉じん爆発を起こす危険性がある．

C 正しい　（参考）希塩酸にはこのように溶ける．

$Fe + 2HCl \rightarrow FeCl_2 + H_2$

D 誤　り　白いせん光は放たない．白いせん光はマグネシウムの燃焼のとき発する．鉄粉はオレンジ色で燃焼する．また二酸化鉄とは酸化鉄Ⅱ（2価の酸化鉄）のことである．正式名は酸化第一鉄で，化学式はFeOである．FeOは気体ではなく，固体である．

E 誤　り　鉄粉（てっぷん）はよく燃える．つまり酸化剤ではなく，還元剤である．

問 8-2 解答 (5)

(1) 正しい　鉄は磁石になる．

(2) 正しい　酸化していない鉄粉は，灰白色である．

(3) 正しい　錆（さび）は次のような反応である．

（参考）$4Fe + 3O_2 \rightarrow 2Fe_2O_3$　（酸化第二鉄，赤錆（あかさ）びである）

(4) 正しい　（参考）なべを洗うのに使う金属たわし（スチールウール）は鉄を細く薄くしたものである．火を近づけると簡単に燃えてしまう．さらに細かい鉄粉は火気や加熱を避けなければならない．このときの燃焼反応式は次のとおりである．

$2Fe + O_2 \rightarrow 2FeO$　（酸化第一鉄）

(5) 誤　り　燃えている鉄粉には水は厳禁である．

問8－3　鉄粉の火災の消火方法について，最も適切なものを選べ．

(1) 強化液消火剤で消火する．
(2) 泡消火剤で消火する．
(3) 粉末消火剤（リン酸塩類）で消火する．
(4) ハロゲン化物消火剤で消火する．
(5) 乾燥砂で覆う．

●問9●　第2類の個々の物質の性状等　金属粉（Al粉，Zn粉）

問9－1　金属粉が燃焼しているとき，注水すると危険といわれるが，その理由として正しいものを選べ．

(1) 水と作用して酸素を発生するため．
(2) 水と作用して水素を発生するため．
(3) 水と反応して有毒ガスを発生するため．
(4) 水と反応して過酸化物となるため．
(5) 水と反応して強酸となるため．

問9－2　アルミニウム粉の火災の消火方法について，最も適切なものを選べ．

(1) 水噴霧で消火する．
(2) 乾燥砂で覆ってから，強化液で湿潤する．
(3) 二酸化炭素を放射する．
(4) むしろ等で被覆し，その上から乾燥砂で覆う．
(5) 粉末消火剤（炭酸水素塩類やリン酸塩類）を放射する．

問 8-3 解答 (5)　鉄の化学式は Fe である.

燃えている鉄粉は熱く，水をかけると水素（H_2）を発生し非常に危険である．燃えていない鉄粉でも水と作用して発熱，発火する危険がある.

(1) 誤　り　強化液は，水系なので不適.

(2) 誤　り　泡は水系なので不適.

(3) 誤　り　燃焼時，粉末消火剤（リン酸塩類）を放射すると，その消火剤から水が多く発生するので不適．粉末消火剤（炭酸水素塩類）なら OK である．（参考）リン酸の化学式は H_3PO_4 である.

(4) 誤　り　有毒ガスを発生するので不適.

(5) 正しい　乾燥砂は，まさに砂系なので適する.

問 9-1 解答 (2)

金属粉とは，Al(アルミニウム)粉，Zn(亜鉛)粉などを考えればよい.

(1), (3), (4), (5) 誤　り

(2) 正しい　（例）Al 粉の火災に注水した場合

$$2Al + 6H_2O \rightarrow 2Al(OH)_3 + 3H_2$$（水素）

この反応式のように水素を発生する．Zn も同様に水素を発生する.

問 9-2 解答 (4)

(1) 誤　り　水噴霧は注水と同じで，水素を発生するため不適.

(2) 誤　り　乾燥砂で覆(おお)うのはよいが，強化液（水系）をかけてはいけない.

(3) 誤　り　二酸化炭素は効果がない.

(4) 正しい　むしろ等で被覆(ひふく)した上から乾燥砂で覆う.

(5) 誤　り　粉末消火剤（炭酸水素塩類やリン酸塩類）では効果がない．金属火災用の粉末消火剤なら効果があるが.

☆金属粉(きんぞくふん)の定義

金属粉とは，アルカリ金属，アルカリ土類(どるい)金属，鉄及びマグネシウム以外の金属粉をいい，粒度等を勘案(かんあん)して，総務省令で定めるものを除く（周期表参照.）.

問9－3　**アルミニウム粉の性状として，誤っているものを選べ．**

(1) 融点は 660 ℃である．
(2) 水より軽く，比重は１以下である．
(3) ジュラルミンはアルミニウムの合金である．
(4) 容器は密栓して，貯蔵する．
(5) 両性元素の１つである．

問9－4　**アルミニウム粉の性状として，誤っているものを選べ．**

(1) 酸，アルカリ及(およ)び熱水と作用して，酸素が発生する．
(2) 形状は，銀白色の粉末である．
(3) 空気中の水分の作用により自然発火することがある．
(4) 酸化鉄と混合して点火すると，テルミット反応により，高熱を発して燃焼し，鉄を生成する．
(5) 酸化剤と混合した場合，衝撃，加熱，摩擦により発火する．

問9－5　**アルミニウム粉の性状について，誤っているものを選べ．**

(1) 塩酸に溶解して発熱し，水素が発生する．
(2) 水酸化ナトリウムの水溶液に溶解して発熱し，水素が発生する．
(3) 塩化ナトリウムと反応して発熱し，塩化アルミニウムが生成する．
(4) 熱水と反応して発熱し，水素が発生する．
(5) ハロゲンと接触すると，反応して高温になり，さらに発火することがある．

問 9-3 解答 (2)

(1) 正しい

(2) 誤り　水より重く，比重は2.7であり，1より大きい.

(3)，(4) 正しい

(5) 正しい　両性元素とは酸ともアルカリとも反応して水素を発生する元素のことをいう.

（参考：酸との反応）　$2Al + 6HCl \rightarrow 2AlCl_3 + 3H_2$（水素）
塩酸　塩化アルミニウム

（参考：アルカリとの反応）

$2Al + 2NaOH + 6H_2O \rightarrow 2Na[Al(OH)_4] + 3H_2$（水素）
水酸化ナトリウム　水

問 9-4 解答 (1)

(1) 誤り　酸，アルカリ及び熱水と作用して，水素を発生する．酸素ではない.

(2)，(3) 正しい

(4) 正しい　$Fe_2O_3 + 2Al \rightarrow 2Fe + Al_2O_3$（テルミット反応）
酸化鉄　アルミニウム　鉄　酸化アルミニウム

(5) 正しい

問 9-5 解答 (3)

(1)，(2) 正しい　両性元素の性質である．酸ともアルカリとも反応して水素を発生する.

(3) 誤り　塩化ナトリウム（NaCl）とは反応しない．塩化ナトリウムは酸でもアルカリでもない.

(4) 正しい　$2Al + 6H_2O \rightarrow 2Al(OH)_3 + 3H_2$
熱水　水酸化アルミニウム　水素

(5) 正しい

問9－6　**亜鉛粉の性状として，誤っているものを選べ.**

(1) 酸と反応すると水素が発生する.
(2) アルカリとは反応しない.
(3) 硫黄と混合し，それを加熱すると，硫化亜鉛が生成する.
(4) 酸化剤と混合した場合，衝撃，加熱および摩擦により発火することがある.
(5) 水分，湿気により，自然発火することがある.

問9－7　**亜鉛粉の性状として，誤っているものを選べ.**

(1) 灰青色の粉末である.
(2) 空気中では，徐々に水と反応する.
(3) 酸化剤と混合した場合，加熱，摩擦等で発火することがある.
(4) アルミニウム粉，鉄粉と比べて，沸点，融点ともに高い.
(5) 空気中の水分と反応して自然発火することがある.

●問 10●　第２類の個々の物質の性状等　マグネシウム（Mg）

問10－1　**マグネシウムの性状として，誤っているものを選べ.**

(1) 軽い金属で銀白色である.
(2) 空気中で吸湿すると発熱し，自然発火することがある.
(3) 水には溶けないが，希酸には溶けて塩素を発生する.
(4) 点火すると白光（はっこう）を放って激しく燃焼し，酸化マグネシウムになる.
(5) 火災の場合は，乾燥砂で覆って窒息消火する.

問10－2　**マグネシウムの性状として，誤っているものを選べ.**

(1) 粉末状にしたものは，空気中の水分と反応して発熱し，さらに自然発火することがある.
(2) 微粉状にしたものは，熱水と激しく反応し，水素が発生する.
(3) 点火すると激しく燃焼し，発光する.
(4) 酸化剤と混合した場合，打撃等で発火する.
(5) 水酸化ナトリウム水溶液と反応して酸素が発生する.

問 9-6 解答 (2)

(1) 正しい　酸と反応して水素を発生する．

(2) 誤　り　アルカリと反応する．そして水素を発生する．(1)と(2)の解説により亜鉛 Zn は両性元素であることがわかる．

(3) 正しい　$Zn + S \rightarrow ZnS$ （硫化亜鉛）

(4)，(5) 正しい　これは，第2類の金属粉の特徴である．

問 9-7 解答 (4)

(1)，(2)，(3)，(5) 正しい

(4) 誤　り　亜鉛粉（Zn）はアルミニウム粉（Al），鉄粉（Fe）と比べると，融点，沸点とも低い．

	Zn	Al	Fe
融点	420 ℃	660 ℃	1535 ℃
沸点	930 ℃	2060 ℃	2730 ℃

問 10-1 解答 (3)

(1)，(2) 正しい

(3) 誤　り　水には溶けないが，希薄（きはく）な酸には溶けて水素を発生する．

(4) 正しい　$2Mg + O_2 \rightarrow 2MgO$ （酸化マグネシウム）

(5) 正しい

問 10-2 解答 (5)

(1) 正しい

(2) 正しい　反応式は，$Mg + 2H_2O \rightarrow Mg(OH)_2 + H_2$
（$Mg(OH)_2$：水酸化マグネシウム，H_2：水素）

(3)，(4) 正しい

(5) 誤　り　水酸化ナトリウム水溶液と反応しない．Mg は Fe（鉄）と同様，アルカリには反応しない．

●問 11●　第 2 類の個々の物質の性状等　　引火性固体

問11－1　引火性固体の性状として，次のうち誤っているものはどれか.

(1) ゴムのりとは，生ゴムをベンゼン等に溶かしてつくられる接着剤である.
(2) ラッカーパテとは，下地用塗料でありトルエン，ニトロセルロース，塗装用石灰等を成分としてつくられる.
(3) 固形アルコールとは，エチルアルコール又(また)はメチルアルコールを凝固剤で固めたものでアルコールと同様の臭気がする.
(4) 発生した蒸気が燃焼するのが，引火性固体の燃焼の特徴である.
(5) 常温（20 ℃）では引火しない.

問11－2　引火性固体について，誤っているものを選べ.

(1) 貯蔵場所は換気，通風をよくする.
(2) 固形アルコールのほか引火点が 40 ℃以上の固体が該当する.
(3) 加熱または火気を避けて貯蔵し取扱う.
(4) 固形アルコールは，蒸発しやすいので密封する.
(5) 形状はゲル状（ゼリー状）のものが多い.

問11－3　固形アルコールについて，正しいものを選べ.

(1) 合成樹脂とメタノール又はエタノールとの化合物である.
(2) 熱分解して発生する可燃性ガスが，主に燃焼する.
(3) 消火には粉末消火剤や泡消火剤が有効である.
(4) メタノール又はエタノールを低温高圧下で圧縮し固体化したものである.
(5) 常温（20 ℃）では可燃性ガスを発生しない.

問 11-1 解答 (5)

「引火性固体」といえば「固形アルコール，ゴムのり，ラッカーパテ」の 3 つを思い出そう．

(1) 正しい　(参考) ベンゼンは第 4 類であり，化学式は C_6H_6 である．

(2) 正しい　(参考) トルエンは第 4 類であり，化学式は $C_6H_5CH_3$ である．ニトロセルロースは第 5 類である．

(3)，(4) 正しい

(5) 誤　り　固形アルコールは常温 (20 ℃) で可燃性蒸気を発生するため引火する．またゴムのりは常温 (20 ℃) 以下で可燃性蒸気を発生する (引火点は 10 ℃以下)．ラッカーパテの引火点は 10 ℃である．

問 11-2 解答 (2)

(1)，(3)，(4)，(5) 正しい

(2) 誤　り「引火性固体とは，固形アルコールのほか引火点が 40 ℃未満の固体が該当する．」これは引火性固体の定義である．

(5)について：現在該当する物品は，みな形状はゲル状である．

問 11-3 解答 (3)

(1) 誤　り　凝固剤とメタノール又はエタノールとの混合物である．

(2) 誤　り　主として，蒸発によって発生する可燃性ガスが燃焼する．

(3) 正しい　固形アルコールの消火剤は第 4 類のメタノール又はエタノールの消火剤と同じである．よって粉末消火剤や泡消火剤は有効である．

(4) 誤　り　メタノール又はエタノールを凝固剤で固めたものである．

(5) 誤　り　常温 (20 ℃) では可燃性ガスを発生する．

第２類 ◆補　足◆

ポイント１：第２類危険物の火災が発生した場合の消火の基本的考え方

・硫化リン，鉄粉，金属粉，マグネシウムなどは 乾燥砂 などで窒息消火する（火災という高温状態で水と反応し，有毒ガスや可燃性ガスを発生するからである．）．尚硫化リンは不燃性ガスも可である．

（例）　硫化リン→有毒・可燃性ガス（H_2S）を発生する．

　　　鉄粉，金属粉，マグネシウム　→　可燃性ガス（H_2）を発生する．

・赤リン，硫黄は 水 が基本である．さらに硫黄は融点が低いこともあり，乾燥砂と併用する．

・引火性固体（固形アルコールなど）は第４類のアルコール火災の場合と同様の窒息消火でよい．泡，粉末，二酸化炭素，ハロゲン化物 を使用する．

ポイント２：三硫化リン（P_4S_3），五硫化リン（P_2S_5），七硫化リン（P_4S_7）の化学式の覚え方

三硫化リンと五硫化リンはＰとＳの数の合計は７

・三硫化リンは硫黄（S）が３であるので，リン（P）の数は７－３＝４

・五硫化リンは硫黄（S）が５であるので，リン（P）の数は７－５＝２

・七硫化リンは硫黄（S）が７である．リン（P）の数４はそのまま覚える．

第 3 類

- ●問 1● 第1類～第6類までの一般的性状について
- ●問 2● 第3類の共通性状について
- ●問 3● 第3類の火災予防と貯蔵・取扱いの方法について
- ●問 4● 第3類の消火方法について
- ●問 5● 第3類の個々の物質の性状等
  カリウム，ナトリウム，アルキルアルミニウム，
  アルキルリチウム
- ●問 6● 第3類の個々の物質の性状等
  黄リン，リチウム，カルシウム，バリウム
- ●問 7● 第3類の個々の物質の性状等
  ジエチル亜鉛，水素化ナトリウム，水素化リチウム，
  リン化カルシウム
- ●問 8● 第3類の個々の物質の性状等
  炭化カルシウム，炭化アルミニウム，
  トリクロロシラン

●問 1●　第 1 類～第 6 類までの一般的性状について

問1－1　危険物の類ごとの性状として，誤っているものを選べ.

(1) 第 1 類の危険物は，一般に不燃性物質であり，摩擦，加熱，衝撃により分解して酸素を放出し，周囲の可燃物の燃焼を促進する.

(2) 第 2 類の危険物は，酸化剤と混合すると，打撃などにより爆発する危険性がある.

(3) 第 4 類の危険物は，そのほとんどが水素と炭素の化合物で，発生する蒸気は空気より重く低所に流れる．近くに火源があると引火する危険性がある.

(4) 第 5 類の危険物は，どれも比重が 1 より大きい可燃性の液体で，空気中に長期間放置すると可燃性ガスが発生する.

(5) 第 6 類の危険物は，どれも酸化性が強い無機化合物で，腐食性があり皮膚をおかす.

問1－2　危険物の第 1 類から第 6 類の性状として，正しいものを選べ.

(1) 固体の危険物の比重は 1 より大きく，液体の危険物の比重は 1 より小さい.

(2) 引火性液体の燃焼は蒸発燃焼であるが，引火性固体の燃焼は分解燃焼である.

(3) 危険物には常温（20 ℃）において，固体，液体及(およ)び気体のものがある.

(4) 同一の類の危険物に対して適応する消火薬剤及び消火方法は同じである.

(5) 危険物には単体，化合物及び混合物のものがある.

問 1-1 解答 (4)

(1) 正しい　第1類といえば $NaClO_3$（塩素酸ナトリウム）などを思い出すとよい.

(2) 正しい　第2類といえば Fe（鉄粉）や Mg（マグネシウム）などを思い出すとよい.

(3) 正しい　第4類のベンゼン（C_6H_6）はCとHのみでできている．エチルアルコール（C_2H_5OH）にはさらにOが入っている．ともにCとHの化合物であることにはかわりない.

(4) 誤　り　第5類の危険物は，どれも比重が1より大きい可燃性の固体又(また)は液体である．空気中に長期間放置すると可燃性ガスを発生するとは限らない．例として「硝酸エチル」は液体であり，可燃性ガスを発生する．トリニトロトルエンなどのニトロ化合物は固体であり，可燃性ガスを発生しない．中野の固体・液体判別表も参照するとよい．**(第1類の補足（98ページ）ポイント4を参照.)**

(5) 正しい　第6類といえば，過塩素酸（$HClO_4$），過酸化水素（H_2O_2），硝酸（HNO_3），ハロゲン間化合物などを思い出すとよい.

問 1-2 解答 (5)

(1) 誤　り　ほとんどの危険物は，問題文のとおりであるが，一部そうでないものもある．例えば第3類の固体の Li，Na，K の比重は1より小さい．液体の第4類のグリセリンの比重は1より大きい.

(2) 誤　り　引火性液体の燃焼は蒸発燃焼であるが，引火性固体の燃焼も蒸発燃焼である．引火性液体は主に第4類，引火性固体は第2類の1つに分類される.

(3) 誤　り　危険物には常温（20℃）において，液体または固体である．気体はない.

(4) 誤　り　同一の類の危険物に対する適応消火薬剤または消火方法は同じであるとは限らない．例えば第1類においては，アルカリ金属の過酸化物（K_2O_2）などは水は不適であるが，塩素酸塩類などは水が適する.

(5) 正しい

問1－3　**危険物の類ごとの一般的性状について，誤っているものの組合せを選べ.**

A　危険物の第 1 類は，どれも不燃性である.

B　危険物の第 2 類は，どれも可燃性である.

C　危険物の第 4 類は，どれも可燃性である.

D　危険物の第 5 類は，どれも不燃性である.

E　危険物の第 6 類は，どれも可燃性である.

(1) AB　(2) BC　(3) CD　(4) DE　(5) AE

問1－4　**危険物の類ごとの一般的性状として，正しいものを選べ.**

(1) 危険物の第 1 類は，すべて可燃性の固体であり，他の物質を強く酸化する.

(2) 危険物の第 2 類は，固体であり，引火性はない.

(3) 危険物の第 4 類は，発生するその蒸気は，空気と混合すると爆発性の混合気体になる.

(4) 危険物の第 5 類は，すべて自然発火性の物質である.

(5) 危険物の第 6 類は，すべて可燃性の無機化合物で他の物質を酸化する性質がある.

● 問 2 ●　第 3 類の共通性状について

問2－1　**第 3 類に共通する性状として，正しいものを選べ.**

(1) どれも水より重い.

(2) どれも自然発火性または禁水性の性状を有する.

(3) どれも無色の固体又は液体である.

(4) どれも無臭である.

(5) どれも酸化性を有する.

問1-3解答 (4)　DEの2つが誤り.

A 正しい　第1類の危険物は，どれも不燃性である．第1類といえば $NaClO_3$（塩素酸ナトリウム）などを思い出すとよい.

B 正しい　第2類といえばFe（鉄粉）やMg（マグネシウム），P（赤リン）などを思い出すとよい.

C 正しい　第4類といえばガソリンなどを思い出すとよい.

D 誤　り　第5類の危険物は，ほとんどが可燃性である．不燃性のものにアジ化ナトリウム（NaN_3）がある．第5類といえば爆発物になるニトログリセリンを思い出せばよい.

E 誤　り　第6類の危険物は，どれも不燃性である．第6類といえば，過塩素酸（$HClO_4$），過酸化水素（H_2O_2），硝酸（HNO_3），ハロゲン間化合物を思い出すとよい.

問1-4解答 (3)

(1) 誤　り　第1類の危険物は，すべて不燃性の固体であり，他の物質を強く酸化する.

(2) 誤　り　第2類の危険物は，固体であり，引火性があるものもある．引火性固体の代表的なものに固形アルコールがある.

(3) 正しい　第4類のガソリンを思い出すとよい.

(4) 誤　り　第5類の危険物は，すべて自己反応性の物質である．自然発火性は第3類の性質の1つである.

(5) 誤　り　第6類の危険物は，すべて不燃性の無機化合物で他の物質を酸化する性質がある.

☆問1-3，問1-4に関しては，第1類の補足（98ページ）ポイント1を参照.

問2-1解答 (2)

(1) 誤　り　Na，Kに関しては，比重は1より小さく，水より軽い.

(2) 正しい　第3類に共通する性状である.

(3) 誤　り　無色とは限らない．黄リンは白色又は淡黄色，リン化カルシウム（Ca_3P_2）は暗赤色の固体である.

(4) 誤　り　黄リン（P）はニラ臭がある.

(5) 誤　り　酸化性はない.

問2−2　**第３類の危険物と水が反応して生成されるガスについて，誤っているものを選べ．**

(1) ナトリウム………………水素

(2) ジエチル亜鉛……………エタン

(3) バリウム…………………水素

(4) 炭化アルミニウム………アセチレン

(5) リン化カルシウム………リン化水素

問2−3　**第３類危険物の性状として，誤っているものを選べ．**

(1) すべて水と反応して可燃性ガスを発生し，発火若（も）しくは発熱する．

(2) 自然発火性及（およ）び禁水性の両方の性質を有するものが多い．

(3) 乾燥砂，膨張ひる石，膨張真珠岩は，すべての第３類危険物の消火に有効である．

(4) 禁水性物質の消火には，炭酸水素塩類の粉末消火剤が使用できる．

(5) 保護液中に貯蔵する物品は，保護液から危険物が露出しないよう保護液の減少に注意する．

問 2-2 解答 (4)

(1) 正しい　$2Na + 2H_2O \rightarrow 2NaOH + H_2$
ナトリウム　水　水酸化ナトリウム　水素

(2) 正しい　ジエチル亜鉛の化学式は $Zn(C_2H_5)_2$　水と反応してエタン C_2H_6 を発生する.

(3) 正しい　$Ba + 2H_2O \rightarrow Ba(OH)_2 + H_2$
バリウム　水　水酸化バリウム　水素

(4) 誤　り　炭化アルミニウムと水との反応ではメタン (CH_4) を発生する. アセチレン (C_2H_2) ではない.

$Al_4C_3 + 12H_2O \rightarrow 4Al(OH)_3 + 3CH_4$
炭化アルミニウム　水　水酸化アルミニウム　メタン

☆（関連）アセチレン C_2H_2 を発生するのは炭化カルシウム(CaC_2) である.

(5) 正しい　$Ca_3P_2 + 6H_2O \rightarrow 3Ca(OH)_2 + 2PH_3$
リン化カルシウム　水　水酸化カルシウム　リン化水素

☆（参考）H^+：水素イオン　　OH^-：水酸化物イオン

問 2-3 解答 (1)

(1) 誤　り　（例として）黄リン（P）は水と反応しない. ……水中保存が可能であることからでもわかる.

(2) 正しい　ナトリウム Na, カリウム K をはじめ, 多くの第3類は「自然発火性」と「禁水性」両方の性質をもつ.

(3) 正しい

(4) 正しい　リン酸塩類の消火剤にリン酸二水素アンモニウム ($NH_4H_2PO_4$) がある. 化学式からわかるように水素原子を多く含んでいる. これが火炎に当たると水を多く発生する. そのため禁水性物質の消火には, 水の発生が少ない炭酸水素塩類等（代表例：炭酸水素ナトリウム　$NaHCO_3$）の粉末消火剤を使用する.

(5) 正しい　例として, 黄リン（P）は, 自然発火性のみのため, 水中保存する.

問2－4 **第3類の危険物の性状として，誤っているものを選べ.**

(1) アルキルアルミニウムは，空気に触れると自然発火する.
(2) ナトリウムは，空気中の水分と反応して水素を発生する.
(3) トリクロロシランは，空気中で自然発火する危険性がある.
(4) 水素化ナトリウムは，乾燥した空気中でも分解して水素を発生する.
(5) 黄リンは，空気中に放置すると白煙を生じ発火するおそれがある.

問2－5 **危険物の第3類の性状として，正しいものを選べ.**

(1) すべての第3類は，水と反応して，水素を発生する.
(2) 第3類のうち自然発火性物質は，すべて水中に貯蔵する.
(3) 第3類のうち禁水性物質は，それ自体は燃焼しない.
(4) 不活性ガス（窒素など）の中で貯蔵する必要のあるものがある.
(5) 金属を腐食させるものはない.

問 2-4 解答 (4)

(1) 正しい　アルキルアルミニウムとはアルキル基-C_nH_{2n+1}とアルミニウムが結合した物質である．n = 1なら-CH_3（メチル基）となる．代表的なアルキルアルミニウムにはトリエチルアルミニウム$(C_2H_5)_3Al$がある．

（参考1）
$(C_2H_5)_3Al$
エチル基　トリ　アルミニウム

（参考2）数字とギリシャ文字
1・・・モノ
2・・・ジ
3・・・トリ
化学式の呼び方によくギリシャ文字が用いられる．

(2) 正しい　$2Na + 2H_2O \rightarrow 2NaOH + H_2$
ナトリウム　水　水酸化ナトリウム　水素

(3) 正しい　トリクロロシランは「自然発火性」と「禁水性」両方の性質をもつ．トリクロロシランの化学式は$SiHCl_3$である．

Si	H	Cl	3
シラン		クロロ	トリ

(4) 誤　り　水素化ナトリウム NaH は，乾燥した空気中では安定している．しかし湿った空気中では水素を発生する．

(5) 正しい　（参考）黄リンは「自然発火性」のみを有し，「禁水性」はない．

問 2-5 解答 (4)

(1) 誤　り　Na，K は水と反応して水素を発生するが，CaC_2（炭化カルシウム）はC_2H_2（アセチレン），Al_4C_3（炭化アルミニウム）はCH_4（メタン）を発生する．すべて水素を発生するわけではない．

(2) 誤　り　黄リンは自然発火性の固体で水中に貯蔵する．アルキルアルミニウムは自然発火性の液体でN_2や Ar ガス中に入れる．また禁水性でもあるため，水中には貯蔵できない．

(3) 誤　り　ナトリウム（Na），カリウム（K）は禁水性物質で水と反応して水素を発生して燃える．また Na，K 自体も燃える．

$$4Na + O_2 \rightarrow 2Na_2O$$

(4) 正しい　アルキルアルミニウムなどの自然発火性，禁水性の両方の性質をもつ液体は，N_2（窒素）などの不活性ガスの中で貯蔵する．水とは反応してしまうため．

(5) 誤　り　金属を腐食させるものがある．K（カリウム）は金属を腐食する．

問2－6　**危険物の第 3 類の性状として，誤っているものを選べ．**

(1) ナトリウムは，銀白色のやわらかい金属で，比重は 1 より小さい．

(2) カリウムは，融点，沸点ともにナトリウムより低い．

(3) 黄リンは白色又は淡黄色の無臭の固体である．

(4) リン化カルシウムは，暗赤色の塊状の固体で，水と反応すると有毒ガスが発生する．

(5) 炭化カルシウムは純粋なものは白色の固体である．高温で窒素と反応させると石灰窒素が生成する．

問2－7　**危険物の第 3 類に共通する性状として，誤っているものを選べ．**

(1) 液体または固体である．

(2) 換気のよい冷暗所に貯蔵する．

(3) リチウムは禁水性のみの性質をもつ．

(4) 黄リンは禁水性のみの性質をもつ．

(5) ほとんどのものが自然発火性及び禁水性の両方の性質をもつ．

問2－8　**危険物の第 3 類の性状として，誤っているものを選べ．**

(1) ナトリウムは，水と反応し水素を発生する．

(2) カリウムは，金属を腐食させる．

(3) アルキルアルミニウムは，窒素などの不活性ガスの中で貯蔵すると危険である．

(4) アルキルリチウムは，空気と接触すると燃焼し，水とも反応する．

(5) 炭化カルシウムは，吸湿性がある．

問 2-6 解答 (3)

(1) 正しい　Na の比重は 0.97 である.

(2) 正しい　K の融点は 64 ℃，沸点は 774 ℃，Na の融点は 98 ℃，沸点は 882 ℃.

(3) 誤　り　黄リンの化学式は P である．黄リンは白色又は淡黄色(たんおうしょく)のニラ臭がある固体である.

(4) 正しい　リン化カルシウムの化学式は Ca_3P_2 である．発生する有毒ガスとは PH_3（リン化水素）である.

(5) 正しい　炭化カルシウムの化学式は CaC_2 である．石灰窒素(せっかいちっそ)の主成分は $CaCN_2$ である.

問 2-7 解答 (4)

(1) 正しい　第3類は「中野の固体・液体判別表」により，固体又は液体であることがわかる．**（第1類の補足（98 ページ）ポイント4を参照.）**

(2) 正しい

(3) 正しい　リチウムは常温では，禁水性のみの物質で自然発火性はない.
（参考）ただし融点 181 ℃以上に加熱すると発火する.

(4) 誤　り　黄リン（P）は自然発火性のみの物質である．禁水性はない.

(5) 正しい

☆第1類の補足（98 ページ）ポイント1，4を参照

問 2-8 解答 (3)

(1) 正しい　$2Na + 2H_2O \rightarrow 2NaOH + H_2$

(2) 正しい　カリウムは，金属を腐食させる.

(3) 誤　り　アルキルアルミニウムは，窒素などの不活性ガスの中で貯蔵しなければならない．アルキルアルミニウムの代表例にトリエチルアルミニウム［$(C_2H_5)_3Al$］がある．不活性ガスとは窒素（N_2）やアルゴン（Ar）などである.

(4) 正しい　アルキルリチウムの代表例にノルマルブチルリチウム（C_4H_9Li）がある.

☆第3類の補足（174 ページ）ポイント2を参照.

(5) 正しい　（参考）炭化カルシウムの化学式は CaC_2 である.

問2－9　**危険物の第３類の性状として，誤っているものを選べ.**

(1) 自然発火性物質は，空気との接触を避ける.

(2) 水と接触すると過酸化物を生じ，強い酸化性を示すものがある.

(3) 常温（20℃）において，液体または固体である.

(4) ハロゲン元素と激しく反応し，有毒ガスを発生するものがある.

(5) 可燃性物質と不燃性物質がそれぞれ存在する.

問2－10　**危険物の第３類の品名として該当しないものを選べ.**

(1) カルシウムの炭化物

(2) アルカリ土類金属

(3) アルキルアルミニウム

(4) 有機金属化合物

(5) 有機過酸化物

問 2-9 解答 (2)

(1) 正しい　例として黄リンは自然発火性のみの物質であり，空気との接触を避けなければならない．

（参考）リチウム Li，カルシウム Ca，バリウム Ba は禁水性のみであり，水との接触を避けなければならない．多くの第3類は自然発火性および禁水性の両方の性質を有する．

(2) 誤　り　Na や K などは，水と接触すると水酸化物を生じ，強いアルカリ性を示す．

(3) 正しい　例として Na，K は固体，アルキルアルミニウムは液体である．

(4) 正しい　例として，アルキルアルミニウムはハロゲン元素と激しく反応し，有毒ガスを発生させる．

(5) 正しい　CaC_2（炭化カルシウム）や Al_4C_3（炭化アルミニウム）は不燃性である．これらは，水と反応し，CaC_2 は C_2H_2（アセチレン），Al_4C_3 は CH_4（メタン）を発生し，それが燃える．

問 2-10 解答 (5)

(1) 該当する　カルシウムの炭化物の代表的なものに炭化カルシウム CaC_2 がある．

(2) 該当する　アルカリ土類金属とは，Ca（カルシウム），Ba（バリウム）などである．

(3) 該当する　アルキルアルミニウムとは，アルキル基-C_nH_{2n+1} に Al（アルミニウム）が結合したものである．

(4) 該当する　有機金属化合物とは，アルキル基と金属が結合したものである．代表的なものにジエチル亜鉛 $Zn(C_2H_5)_2$ がある．

(5) 該当しない　有機過酸化物は第5類である．例として過酸化ベンゾイル，過酢酸（CH_3COOOH），メチルエチルケトンパーオキサイドなどがある．

(3)のヒント　アルキル基とは，$-CH_3$：メチル基，$-C_2H_5$：エチル基，$-C_3H_7$：プロピル基などをいう．**詳細は第3類の補足（174ページ）ポイント1を参照．**

問2－11　**危険物の第３類の品名として該当しないものを選べ.**

(1) アルカリ金属
(2) 金属の塩化物
(3) 金属のリン化物
(4) 金属の水素化物
(5) アルキルリチウム

●問３●　第３類の火災予防と貯蔵・取扱いについて

問3－1　**危険物の第３類の一般的な火災予防の方法について，適切なものを選べ.**

(1) 禁水性物質は，水との接触を避(さ)ける.
(2) 風通しのよい屋外に貯蔵し，蓄熱を避ける.
(3) 乾燥した状態では，自然発火しやすいため，湿度の高い場所に貯蔵する.
(4) 貯蔵する場合は，できるだけ大きくまとめて貯蔵する.
(5) 保存する場合は，分解を防ぐためエチルアルコールに浸しておく.

問3－2　**危険物の第３類のうち保護液中に保存しなければならない物質があるが，その理由として，正しいものを選べ.**

(1) 空気と接触すると発火するので.
(2) 引火性蒸気が発生するので.
(3) 沸点が低いため常温で沸騰するので.
(4) 人体に有毒な腐食性のガスを発生するので.
(5) 空気中の窒素と反応するので.

問 2-11 解答 (2)

(1) 該当する　アルカリ金属（Na，K，Li など），アルカリ土類金属（Ca，Ba など）はそれ自体第3類である．

(2) 該当しない　金属の塩化物は危険物ではない．金属の塩化物は○○ Cl の形をとる．（例）NaCl（塩化ナトリウム），KCl（塩化カリウム），$ZnCl_2$（塩化亜鉛）など．

(3) 該当する　金属のリン化物は Ca_3P_2（リン化カルシウム）などである．

(4) 該当する　金属の水素化物は NaH（水素化ナトリウム），KH（水素化カリウム）など．

(5) 該当する　アルキルリチウムはアルキル基-C_nH_{2n+1} に Li（リチウム）が結合したものである．

問 3-1 解答 (1)

(1) 正しい　第3類で禁水性のみの性質をもつ物質に，リチウム（Li），カルシウム（Ca），バリウム（Ba）がある．また自然発火性のみの性質をもつ物質に黄リン（P）がある．その他の第3類は禁水性および自然発火性両方の性質をもつものが多い．

(2) 誤　り　蓄熱しないように，風通しのよい屋内に貯蔵する．

(3) 誤　り　湿った空気中では，自然発火しやすいので，比較的湿度の低い場所に貯蔵する．

(4) 誤　り　貯蔵する場合は，できるだけ小さくまとめて貯蔵する．危険を分散するためである．

(5) 誤　り　Na，K，Li に関してのみ第4類の灯油中に保存するが，第4類のエチルアルコールの中に貯蔵する第3類はない．

問 3-2 解答 (1)

(1) 正しい　空気と接触すると自然発火するからである．例として黄リンは自然発火性物質であるため空気に触れないように，水を保護液として水中保存する．なお，水がなくなると発火する．

(2) 誤　り　引火性蒸気が発生するのは，主に第4類である．

(3)，(4) 誤　り

(5) 誤　り　窒素（N_2）とは反応しない．

問3－3　**危険物の第３類の貯蔵方法として，誤っているものを選べ.**

(1) カリウムは，保護液として灯油を使用し，その中に小分けして貯蔵する.
(2) トリエチルアルミニウムは容器に不活性ガスを封入して貯蔵する.
(3) 炭化カルシウムは，乾燥した場所に貯蔵する.
(4) 水素化ナトリウムは，窒素封入ビン等に密栓して貯蔵する.
(5) 黄リンは，水との接触を避けて貯蔵する.

問3－4　**第３類の危険物の貯蔵方法として誤っているものの組合せを選べ.**

A　ジエチル亜鉛は水中に貯蔵する.
B　リン化カルシウムは水中に貯蔵する.
C　黄リンは水中に貯蔵する.
D　水素化ナトリウムは窒素で密封して貯蔵する.
E　ナトリウムは灯油中に貯蔵する.

(1) AB　(2) BC　(3) CD　(4) DE　(5) AE

問3－5　**危険物の第３類の貯蔵・取扱いについて，誤っているものを選べ.**

(1) 酸化剤との混合や接触は避ける.
(2) 使用する保護液はすべて炭化水素である.
(3) 湿気を避けるため，容器は密閉する.
(4) 冷暗所に貯蔵し，通風又は換気をよくする.
(5) 炎，高温体，火花との加熱や接触は避ける.

問3－6　**危険物の第３類の貯蔵について，誤っているものを選べ.**

(1) アルキルアルミニウムは，窒素などの不活性ガス中で貯蔵する.
(2) ナトリウムは，灯油などの保護液中で貯蔵し，状況を確認するため，少し露出した状態で貯蔵する.
(3) トリクロロシランは，密封容器中に貯蔵し水との接触を避ける.
(4) 黄リンは，水中で貯蔵する.
(5) 炭化カルシウムは，貯蔵中は常にアセチレンガスの発生を検査し状況により不活性ガスを封入する.

問 3-3 解答 (5)

(1) 正しい

(2) 正しい　（参考）トリエチルアルミニウムの化学式は $(C_2H_5)_3Al$

(3) 正しい　（参考）炭化カルシウムの化学式は CaC_2

(4) 正しい　（参考）水素化ナトリウムの化学式は NaH

(5) 誤　り　黄リンは，水中に貯蔵する．水と接触しても問題はない．

問 3-4 解答 (1)　AB が誤りである．

A 誤　り　ジエチル亜鉛は不活性ガス中に貯蔵する．ジエチル亜鉛 $Zn(C_2H_5)_2$

B 誤　り　リン化カルシウムは容器に密封して貯蔵する．リン化カルシウム (Ca_3P_2)

C 正しい　（参考）黄(おう)リンの化学式は P

D 正しい　（参考）水素化ナトリウムの化学式は NaH

E 正しい　（参考）ナトリウムの化学式は Na

問 3-5 解答 (2)

(1)，(3)，(4)，(5) 正しい

(2) 誤　り　Na，K の保護液は，炭化水素である灯油等であるが，黄(おう)リンの保護液は水である．

問 3-6 解答 (2)

(1) 正しい　アルキルアルミニウムの代表例はトリエチルアルミニウム $(C_2H_5)_3Al$ がある．

(2) 誤　り　ナトリウムは，灯油などの保護液中で貯蔵する．露出させてはいけない．

(3) 正しい　（参考）トリクロロシランの化学式は $SiHCl_3$ である．自然発火性，禁水性両方の性質をもつ．

(4) 正しい　（参考）黄リンの化学式は P である．

(5) 正しい　（参考）炭化カルシウムの化学式は CaC_2，アセチレンの化学式は C_2H_2 である．

● 問 4 ●　第 3 類の消火方法について

問4－1　**危険物の第 3 類の一般的な消火方法として，最も適切なものを選べ.**

(1) 噴霧注水する.

(2) 二酸化炭素消火剤を放射する.

(3) 乾燥砂で覆う.

(4) ハロン 1301 消火器を使用する.

(5) 化学泡消火器を使用する.

問4－2　**危険物の第 3 類の消火方法として，誤っているものを選べ.**

(1) 乾燥砂は，すべての第 3 類の危険物に適する.

(2) 粉末消火剤（炭酸水素塩類等を用いたもの）は禁水性物品の消火に有効である.

(3) 高圧注水により消火する方法は適切ではない.

(4) 不燃性ガスにより窒息消火する.

(5) 黄リンの火災には，水，泡，強化液等の水系の消火薬剤が有効である.

問4－3　**危険物の第 3 類の消火方法として，正しいものを選べ.**

(1) 棒状注水は，冷却には有効であるが，毒性ガスの発生に注意しなければならない.

(2) 噴霧注水は，冷却と窒息の効果があるので，すべてに有効である.

(3) 強化液消火剤は，かえって燃焼を激しくする場合が多い.

(4) 危険物中に酸素を多く含むため，窒息消火は効果がない.

(5) 危険物自体は不燃性であり，消火には周囲の可燃物を除去すればよい.

問 4-1 解答 (3)

(1) 誤　り　噴霧注水は水系なので不適.

(2) 誤　り　二酸化炭素消火剤は効果がない.

(3) 正しい　乾燥砂は，まさに砂系なので適する.

(4) 誤　り　ハロン 1301 はハロゲン化物消火剤である．有毒ガスを発生させるので不適.

(5) 誤　り　化学泡は水系なので不適.

問 4-2 解答 (4)

(1) 正しい

(2) 正しい　（参考）同じ粉末消火剤でも，リン酸水素塩類の粉末消火剤は消火の際に，水を多く発生するので禁水性物質の消火には不適である.

(3) 正しい　第3類には禁水性のものが多くあるので，高圧注水（こうあつちゅうすい）により消火する方法は適切ではない.

(4) 誤　り　不燃性ガスといえば，二酸化炭素消火剤が当てはまる．二酸化炭素消火剤は効果がない.

(5) 正しい　黄リンは水と反応しないため，水系の消火薬剤は適する.

問 4-3 解答 (3)

(1)，(2) 誤　り　棒状注水も噴霧注水も，水は可燃性ガスを発生する場合が多いので注意しなければならない.

(3) 正しい　強化液消火剤は，水系なので，問題文のとおりである.

(4) 誤　り　危険物中に酸素を多く含むものは，主に第5類である．第3類の Na，K，P，LiH，CaC_2 などは，酸素は含まない.

(5) 誤　り　第3類の危険物自体は可燃性のものがほとんどである．一部は不燃性である（炭化カルシウム CaC_2，リン化カルシウム Ca_3P_2 など）．周囲の可燃物を除去するだけでなく，その危険物自体の消火に当たらなければならない.

問4－4　**危険物の第３類の消火方法として，誤っているものを選べ．**

⑴ 自然発火性のみを有する物質には，水，泡などの水系の消火薬剤を使用できる．

⑵ 膨張真珠岩は，すべての第３類の危険物に適する．

⑶ 禁水性の物質は，リン酸塩類等以外の粉末消火剤で消火する．

⑷ 噴霧注水により消火する方法は適切でない．

⑸ 二酸化炭素により窒息消火する．

問4－5　**危険物の第３類の消火方法として，正しいものの組合せを選べ．**

A　炭化カルシウムの貯蔵してある場所の消火には，泡消火剤の放射が最も有効である．

B　ナトリウムの火災の消火剤として，ハロゲン化物消火剤は不適切である．

C　粉末消火剤は第３類の危険物の火災の消火剤として，有効ではない．

D　アルキルアルミニウムの火災の消火には，強化液消火剤を放射するのは厳禁である．

⑴ AB　⑵ AC　⑶ BC　⑷ BD　⑸ CD

問 4-4 解答 (5)

(1) 正しい　自然発火性のみを有する物質とは「黄リン」が該当する．水中保存するくらいであるので水系の消火薬剤は適することがわかる．

(2) 正しい　膨張真珠岩は，砂系なのですべての第３類の危険物に適する．

(3) 正しい　リン酸塩類の消火剤の一例にリン酸二水素アンモニウム（$NH_4H_2PO_4$）がある．また炭酸水素塩類の消火剤の一例に炭酸水素ナトリウム（$NaHCO_3$）がある．リン酸二水素アンモニウムは１分子内にＨが６個あり，火災時に酸素と反応して，水を多く発生する．一方炭酸水素ナトリウムは１分子内にＨが１個であり，水の発生は少ない．よって水を嫌う禁水性物品の消火には炭酸水素ナトリウムなどの粉末消火剤をよく使用する．リン酸塩類の粉末消火剤は使用しない．

(4) 正しい　第３類の危険物は一般に注水により，いろいろな可燃性ガスを発生するものが多い．そのため水を使用する方法は適切でない．噴霧注水（ふんむちゅうすい）も同様である．「水素（H_2）」はナトリウム（Na）やカリウム（K）に，「メタン（CH_4）」は炭化アルミニウム（Al_4C_3）に，「アセチレン（C_2H_2）」は炭化カルシウム（CaC_2）に，それぞれ水をかけると発生する．

(5) 誤　り　二酸化炭素は効果がない．

問 4-5 解答 (4)　BDの２つが正しい

A 誤　り　泡消火剤は水系なので不適切である．アセチレン（C_2H_2）を発生してしまう．

B 正しい　ハロゲン化物消火剤は有毒ガスを発生するので不適切である．

C 誤　り　粉末消火剤のうちリン酸塩類［代表例：リン酸二水素アンモニウム（$NH_4H_2PO_4$）］の消火剤は火炎により水を多く発生するので不適であるが，炭酸水素塩類［代表例：炭酸水素ナトリウム（$NaHCO_3$）］の消火剤は火炎により水をあまり多く発生しないため，有効である．題意は両方を含めている．粉末消火剤のうちの炭酸水素塩類を考えれば，消火方法として有効である．

D 正しい　アルキルアルミニウムは禁水性・自然発火性である．よって水系（強化液）は不適切である．

●問 5● 第 3 類の個々の物質の性状等

カリウム（K），ナトリウム（Na），アルキルアルミニウム，アルキルリチウム

問5－1 **カリウムの性状として，誤っているものを選べ.**

(1) 水より軽い.
(2) 炎色反応は紫色を呈する.
(3) 水と反応した場合，1 価の陰イオンになりやすい.
(4) 水と接触すると，水素と熱を発生する.
(5) やわらかい金属で，融点は 100 ℃より低い.

問5－2 **カリウムの性状として，誤っている組合せを選べ.**

A　腐食性が強く，金属材料を腐食する.
B　ハロゲンや二酸化炭素とは反応しない.
C　アルコールを保護液として使用する.
D　空気中に置くと，速やかに表面から酸化される.

(1) AB　(2) AC　(3) BC　(4) BD　(5) CD

問5－3 **カリウムの保護液として，最も適しているものを選べ.**

(1) 重油　(2) 灯油　(3) ベンゼン　(4) ギヤー油　(5) グリセリン

問5－4 **ナトリウムの性状として，正しいものを選べ.**

(1) 比重は 1 より小さい.
(2) 淡黄色の光沢のある金属である.
(3) 水とは常温（20 ℃）以下では反応しない.
(4) 二酸化炭素とは反応しない.
(5) エチルアルコールや灯油とは反応しない.

問 5-1 解答 (3)

(1) 正しい　水より軽く，比重は 0.97 である．

(2) 正しい　炎の中に入れると，紫色の炎色反応(えんしょくはんのう)を示す．

(3) 誤　り　カリウム原子は 1 価の陽イオンになりやすい．　$K \rightarrow K^+$

(4) 正しい　$2K + 2H_2O \rightarrow 2KOH + H_2$

(5) 正しい　カリウム（K）の融点は 64 ℃であり，100 ℃より低い．

問 5-2 解答 (3)　B と C が誤り．

A 正しい　腐食性が強く，金属材料を腐食する．

B 誤　り　ハロゲンとは反応する．（例）$2K + Cl_2 \rightarrow 2KCl$

二酸化炭素とも反応する．カリウム（K）は強い還元剤であり二酸化炭素（CO_2）からも酸素を奪い炭素（C）を析出(せきしゅつ)する．次式がその反応式である．

$2K + CO_2 \rightarrow K_2O_2 + C$

C 誤　り　通常，灯油や流動(りゅうどう)パラフィンを保護液として使用する．アルコールは保護液にならない．

D 正しい

問 5-3 解答 (2)

カリウムの保護液は灯油や流動パラフィンが最も適する．(1)，(3)，(4)，(5) は誤り．

問 5-4 解答 (1)

(1) 正しい　Na の比重は 0.97 である．

(2) 誤　り　銀白色の光沢のある金属である．

(3) 誤　り　水と反応して，水素を発生する．

$2Na + 2H_2O \rightarrow 2NaOH + H_2$

（$NaOH$：水酸化ナトリウム，H_2：水素）

(4) 誤　り　二酸化炭素と反応する．$2Na + CO_2 \rightarrow Na_2O_2 + C$

Na は K と同様強い還元剤で CO_2 とも反応する．

(5) 誤　り　灯油とは反応しないが，エチルアルコールとは反応する．

問5−5　**ナトリウム火災の消火方法として，適切なもののみの組合せを選べ．**

A　乾燥砂で覆う．

B　乾燥したリン酸ナトリウム粉末で覆う．

C　乾燥した炭酸ナトリウム粉末で覆う．

D　ハロゲン化物消火剤を噴射する．

E　噴霧注水を行う．

(1) ABC　(2) ACD　(3) ADE　(4) BCE　(5) BDE

問5−6　**ナトリウムの保護液として，適切でないものを選べ．**

(1) 軽油　(2) メタノール　(3) ヘキサン　(4) 灯油　(5) パラフィン

問5−7　**塊状のナトリウムを次に掲げる物質の中に置いた場合に，最も急激な反応を起こすものはどれか．ただし，水蒸気を除く物質は常温（20℃）のものとする．**

(1) 湿度60%の空気　(2) 100℃の水蒸気　(3) 細かい霧状の水

(4) 純酸素　(5) 大量の水

問5−8　**トリエチルアルミニウムの性状として，誤っているものを選べ．**

(1) 空気に触れると自然発火する．

(2) 発火した場合は，初期の段階であれば二酸化炭素消火剤による消火が有効である．

(3) 比重は1より小さく，無色透明の液体である．

(4) 約200℃近くで分解し，可燃性ガスを発生する．

(5) 皮膚に触れると火傷を起こす．

問 5-5 解答 (1) ABCの3つが正しい.

A 正しい　乾燥砂は，まさに砂系の消火剤である.

B 正しい　(参考) リン酸ナトリウムの化学式は Na_3PO_4 (金属火災用の消火剤である.)

C 正しい　(参考) 炭酸ナトリウムの化学式は Na_2CO_3 (ソーダ灰ともいい，金属火災用の消火剤である.)

D 誤　り　ハロゲン化物消火剤は有毒ガスを発生するため適さない.

E 誤　り　噴霧注水は水素を発生し，危険である.

問 5-6 解答 (2)

Naの保護液の代表的なものは，灯油やパラフィンであるが，軽油やヘキサン C_6H_{14} も使用できる. ヘキサンは灯油やガソリンの一成分である.

(1)，(3)，(4)，(5) 適切

(2) 不適切　メタノールやエタノールなどのアルコールはNaと反応して水素を発生するので，保護液にはならない.

問 5-7 解答 (2)

(1)，(3)，(4)，(5) 誤　り

(2) 正しい　ナトリウムは水と激しく反応して水素と熱を発生するが，大量の水であれば発生した熱を吸収してくれる. しかし100℃の水蒸気は，成分は水であり，なおかつ高温であるため，非常に危険である.

問 5-8 解答 (2)

トリエチルアルミニウムの化学式は $(C_2H_5)_3Al$ で，アルキルアルミニウムに分類されている. その代表的な物質である.

(1) 正しい　トリエチルアルミニウムは自然発火性および禁水性.

(2) 誤　り　二酸化炭素消火剤は効果がないので不適.

(3) 正しい　比重は0.83である.

(4) 正しい　発生する可燃性ガスは，エタン (C_2H_6)，エチレン (C_2H_4)，水素 (H_2) である.

(5) 正しい

問5－9　**アルキルアルミニウムの性状として，誤っているものを選べ．**

(1) 常温（20 ℃）において，固体のものと液体のものがある．
(2) ベンゼン，ヘキサン等の溶剤で希釈した場合，純度の高いものより反応性は低くなる．
(3) アルキル基がアルミニウム原子に１以上結合した物質をいい，なかにはハロゲン元素が結合しているものもある．
(4) アルキル基の炭素数が増加すると，危険性が増す．
(5) 水とは激しく反応する．

問5－10　**アルキルアルミニウムは貯蔵する際，危険性を減少させるため，溶媒で希釈する．その溶媒として適切でないものはいくつあるか．**

ベンゼン　　エタノール　　水　　ヘキサン　　アセトン

(1) なし　(2) １つ　(3) ２つ　(4) ３つ　(5) ４つ

問5－11　**アルキルアルミニウムの消火方法として，正しいものはいくつあるか．**

A　乾燥砂で覆う．
B　粉末消火剤（リン酸塩類等を使用するもの）で燃焼を抑制する．
C　膨張真珠岩で覆う．
D　泡消火剤で窒息消火する．
E　ハロゲン化物を放射する．

(1) なし　(2) １つ　(3) ２つ　(4) ３つ　(5) ４つ

問5-9解答 (4)

(1) 正しい　（参考）トリエチルアルミニウム［$(C_2H_5)_3Al$］の融点は－46℃であり常温（20℃）では液体である．エチルアルミニウムジクロライド（$C_2H_5AlCl_2$）の融点は22℃で常温（20℃）では固体である．

(2) 正しい　（参考）化学式はベンゼン：C_6H_6，ヘキサン：C_6H_{14} である．

(3) 正しい　アルキル基とは-C_nH_{2n+1}　（n＝1，2，3…）の構造をもつ．

☆（参考）アルキル基については，第3類の補足（174ページ）ポイント1を参照．

(4) 誤　り　アルキル基の炭素数の増加にしたがって，危険性は減少する．

(5) 正しい　アルキルアルミニウムは禁水性および自然発火性．

問5-10解答 (4)

エタノール，水，アセトンの3つが溶媒としては不適である．アルキルアルミニウムの溶媒(ようばい)といえばベンゼンとヘキサンの2つが代表的なものである．

（参考）各化学式は次のとおりである．

ベンゼン：C_6H_6　　エタノール：C_2H_5OH　　水：H_2O
ヘキサン：C_6H_{14}　　アセトン：C_2H_6O

問5-11解答 (3)

正しいものは，ACの2つである．アルキルアルミニウムは禁水性，自然発火性物質であることをまず思い出すとよい．

A 正しい　砂系の消火剤であるので適する．

B 誤　り　炭酸水素塩類（炭酸水素ナトリウムなど）なら適するが，リン酸塩類（リン酸二水素アンモニウムなど）は不適．なぜならリン酸塩類は火災により多くの水を発生するからである．

C 正しい　膨張真珠岩は，砂系の消火剤であるので適する．

D 誤　り　泡は水系である．反応してしまうので不適．

E 誤　り　有毒ガスを発生するので不適．

☆アルキル基については，第3類の補足（174ページ）のポイント1を参照．

第1類　第2類　第3類　第5類　第6類

問5−12 **アルキルリチウムの性状として，誤っているものを選べ.**

(1) 水と接触すると激しく反応する.
(2) 空気と接触すると，白煙を生じ発火する.
(3) 貯蔵する容器には不活性ガスを封入する.
(4) アルキル基とリチウム原子が結合した化合物のことをいう.
(5) 消火方法は，ハロゲン化物消火剤を放射する.

問5−13 **ノルマルブチルリチウムはアルキルリチウムの1つである．この溶媒として，次のうち適切なものを選べ.**

(1) エタノール
(2) ジエチルエーテル
(3) 酢酸
(4) ヘキサン
(5) アニリン

●問6● 第3類の個々の物質の性状等

黄リン（P），リチウム（Li），カルシウム（Ca），バリウム（Ba）

問6−1 **黄リンの貯蔵・取扱いの注意事項として，誤っているものを選べ.**

(1) 空気中で徐々に酸化し，自然発火を起こすため，水中に貯蔵する.
(2) 50 ℃で発火するので，火気および温度に注意する.
(3) ニラに似た不快臭がある.
(4) 触れると皮膚をおかすことがある.
(5) 水中で徐々に酸化し，水がアルカリ性になるので，保護液を酸性に保つようにする.

問 5-12 解答 (5)

アルキルリチウムとはアルキル基-C_nH_{2n+1} とリチウム Li が結合した有機金属化合物の総称である.

(1) 正しい　禁水性そのものである.

(2) 正しい　自然発火性そのものである.

(3) 正しい　貯蔵する容器に,不活性ガスである窒素（N_2）やアルゴン（Ar）を封入する.

(4) 正しい　そのとおりである.

(5) 誤　り　ハロゲン化物は有毒ガスを発生するので使用はさける.

問 5-13 解答 (4)　ノルマルブチルリチウムの化学式は,C_4H_9Li である.

(1) 誤　り　アルコール（エタノールやメタノール）には,激しく反応して発火するので不適.

(2) 誤　り　ノルマルブチルリチウムは,ジエチルエーテル（$C_2H_5OC_2H_5$）に溶けてしまうので不適.

(3) 誤　り　（参考）酢酸(さくさん)の化学式は CH_3COOH である.

(4) 正しい　ヘキサンの化学式は C_6H_{14} である.ノルマルブチルリチウムの希釈液はアルキルアルミニウムと同様でベンゼン（C_6H_6）とヘキサン（C_6H_{14}）である.

(5) 誤　り　（参考）アニリンは第4類,第3石油類,非水溶性である.

☆ノルマルブチルリチウムの構造式は,第3類の補足（174ページ）のポイント2を参照.

問 6-1 解答 (5)

(1) 正しい　黄(おう)リンは自然発火性のみである.禁水性はない.よって水中保存する.

(2) 正しい　「黄リンの発火点は約50℃」であることは暗記しておこう.

(3),(4)　正しい

(5) 誤　り　水に溶けない.また水中で酸化することはない.

問6−2　**黄リンの火災に対する消火方法として，適切でない組合せはどれか.**

A　高圧で注水する.

B　噴霧注水を行う.

C　泡消火剤を放射する.

D　ハロゲン化物消火剤を放射する.

E　膨張ひる石で覆う.

(1) AB　(2) AD　(3) BC　(4) CE　(5) DE

問6−3　**黄リンの性状として，誤っているものを選べ.**

(1) 水に接触すると激しく反応し，水素と熱を発生する.

(2) 50 ℃程度で自然発火する.

(3) 融点が低いので，燃焼し始めると液状に広がって，燃焼が激しくなる.

(4) 水には溶けないが，ベンゼン，二硫化炭素に溶ける.

(5) 人体には猛毒である.

問6−4　**黄リンの性状として，正しいものの組合せを選べ.**

A　潮解性がある.

B　二硫化炭素に溶ける.

C　人体に無害である.

D　暗所で青白い光を発する.

E　窒素中で約 250 ℃で熱すると赤リンを生じる.

(1) ABC　(2) ACD　(3) BCD　(4) BDE　(5) ADE

問 6-2 解答 (2) AD の 2 つが適切でない.「黄リン火災」といえば，水系の消火は OK.

A 誤 り 水は OK だが，高圧水の場合，燃焼物を飛散させる恐れがあるので適切でない.

B 正しい 噴霧注水(ふんむちゅうすい)は「水系」OK.

C 正しい 泡消火剤は「泡は水系の消火剤」であるため OK.

D 誤 り ハロゲン化物消火剤は毒性ガスを発生するため適切でない.

E 正しい 膨張ひる石は砂系であり，すべての類の火災に OK である.

問 6-3 解答 (1)

(1) 誤 り 水とは<u>反応しない</u>. それゆえ水中保存で貯蔵する.

(2) 正しい 黄(おう)リンの発火点 50 ℃は覚えておこう.

(3) 正しい （参考）黄リンの融点は 44 ℃である. 黄リンの燃焼反応式は，

$4P + 5O_2 \rightarrow 2P_2O_5$（五酸化二リン）

[P_4O_{10}（十酸化四リン）ともいう]

(4) 正しい （参考）ベンゼン：C_6H_6，二硫化炭素：CS_2

(5) 正しい 黄リンは猛毒であり，燃焼時に発生する五酸化二リン [十酸化四リン (P_4O_{10})] も毒性がある.

問 6-4 解答 (4) BDE が正しい.

A 誤 り 黄リンは水に<u>溶けない</u>. <u>潮解性もない</u>.

B 正しい 二硫化炭素に溶ける.（参考）二硫化炭素：CS_2

C 誤 り 人体に<u>有害である</u>.

D，E 正しい

問6－5 **リチウムの性状として，誤っているものを選べ.**

(1) 常温（20 ℃）の水と反応して水素が発生する.

(2) 水との反応はナトリウムより激しい.

(3) 金属の中で一番軽い.

(4) 高温で燃焼すると酸化物が生成する.

(5) ハロゲン物質と激しく反応する.

問6－6 **リチウムの性状として，正しいものを選べ.**

(1) 銅より硬い.

(2) 密度は，単体の固体の中で最も小さい.

(3) カリウムより反応性に富んでいる.

(4) ハロゲン物質とは反応しない.

(5) 融点は，約 300 ℃である.

問6－7 **カルシウムの性状について，正しい組合せを選べ.**

A　水と作用して水素ガスが発生する.

B　比重は水より小さい.

C　水素と高温（200 ℃以上）で反応すると，水素化カルシウムになる.

D　可燃性であり，反応性はナトリウムより大きい.

E　空気中で加熱すると，燃焼して生石灰（酸化カルシウム）になる.

(1) ABC　(2) ACE　(3) BCD　(4) BDE　(5) ADE

問6-5解答 (2)

(1) 正しい　$2Li + 2H_2O \rightarrow 2LiOH$（水酸化リチウム）$+ H_2$（水素）

(2) 誤　り　水との反応はナトリウムより激しくない.

(3) 正しい　比重は0.53である．すべての金属のなかで一番軽い.

(4) 正しい　高温で燃焼して酸化物を生成する．$4Li + O_2 \rightarrow 2Li_2O$

(5) 正しい　ハロゲン物質とは塩素（Cl），臭素（Br），ヨウ素（I），フッ素（F）などである.

（反応例）$2Li + Br_2 \rightarrow 2LiBr$（臭化リチウム）

☆第3類の補足（174ページ）のポイント3を参照.

問6-6解答 (2)

(1) 誤　り　リチウムは銅よりやわらかい．銀白色の金属である.

(2) 正しい　リチウムの比重は0.53である．単体の固体のなかで最も軽い.

(3) 誤　り　カリウムより反応性は低い.

(4) 誤　り　ハロゲン物質とは反応する.

(5) 誤　り　融点は，181℃である．融点は300℃よりはるかに低い.

問6-7解答 (2)　ACEが正しい.

A 正しい　$Ca + 2H_2O \rightarrow Ca(OH)_2 + H_2$

B 誤　り　Caの比重は1.6である．比重は水より大きい.

C 正しい　$Ca + H_2 \rightarrow CaH_2$

D 誤　り　可燃性であることは正しいが，反応性はナトリウムより小さい.

E 正しい　$2Ca + O_2 \rightarrow 2CaO$　生石灰とは酸化カルシウムのことである.

問6－8　**カルシウムの火災の消火方法として，最も適切なものを選べ．**

(1) 乾燥砂で覆う．

(2) 二酸化炭素消火剤を使用する．

(3) 強化液で噴霧注水する．

(4) ハロゲン化物消火剤を使用する．

(5) 泡消火剤を使用する．

問6－9　**バリウムの性状として，誤っているものを選べ．**

(1) 炎色反応は，黄緑色を呈する．

(2) 水とは常温（20℃）で反応し，酸素を発生する．

(3) ハロゲンと反応すると，ハロゲン化物が生成する．

(4) 高温で水素と反応すると，水素化バリウムになる．

(5) 銀白色の金属結晶である．

●問7●　第3類の個々の物質の性状等

ジエチル亜鉛［$Zn(C_2H_5)_2$］，水素化ナトリウム（NaH），水素化リチウム（LiH），リン化カルシウム Ca_3P_2

問7－1　**ジエチル亜鉛の性状として，誤っているものを選べ．**

(1) 水，アルコール，酸と激しく反応し，エタンガスを発生する．

(2) 無色の液体である．

(3) 空気中に置くと自然発火する．

(4) 非水溶性であり，比重は1より小さい．

(5) ベンゼンやジエチルエーテルに溶ける．

問 6-8 解答 (1)

(1) 正しい　乾燥砂はすべての類の危険物に有効である.

(2) 誤　り　効果がない.

(3) 誤　り　水と反応して水素を発生するので適切ではない.

(4) 誤　り　有毒ガスを発生してしまうので適切ではない.

(5) 誤　り　泡消火剤も水と同等である.

問 6-9 解答 (2)　バリウム（Ba）はアルカリ土類金属(どるいきんぞく)である.

(1) 正しい　炎色反応(えんしょくはんのう)は，黄緑色を呈(てい)する.

(2) 誤　り　水とは常温（20 ℃）で反応し，水素を発生する.

(3) 正しい　（例：フッ素との反応）　$Ba + F_2 \rightarrow BaF_2$　（フッ化バリウム）

(4) 正しい　$Ba + H_2 \rightarrow BaH_2$　（水素化バリウム）
空気を遮断し，金属バリウムに水素ガスを直接反応させる.

(5) 正しい

問 7-1 解答 (4)

ジエチル亜鉛の化学式は $Zn(C_2H_5)_2$ である．有機金属化合物に分類される.

(1) 正しい　エタンの化学式は C_2H_6 である.

(2)，(3) 正しい

(4) 誤　り　非水溶性であるが，水とは激しく反応してしまう．比重は 1.2 で，1 より大きい.

(5) 正しい　ベンゼンの化学式は C_6H_6，ジエチルエーテルの化学式は $C_2H_5OC_2H_5$ である.

問7−2　**水素化ナトリウムの性状として，誤っているものを選べ.**

(1) 有機溶媒には溶けない.
(2) 灰色の結晶である.
(3) 乾燥した空気中では安定である.
(4) 空気中の湿気により発火することがある.
(5) 加熱すると，ナトリウムと酸素に分解する.

問7−3　**水素化ナトリウムの性状として，誤っているものを選べ.**

(1) 粘性のある液体である.
(2) 有毒である.
(3) 高温でナトリウムと水素に分解する.
(4) 窒素封入ビン等に密栓して貯蔵する.
(5) 還元性が強い.

問7−4　**水素化リチウムの性状として誤っているものを選べ.**

(1) 水よりも軽い.
(2) 白色の結晶である.
(3) 酸化性を有する.
(4) 水によって分解され水素を発生する.
(5) 有機溶媒に溶けない.

問7−5　**水素化リチウムの性状等について，誤っているものを選べ.**

(1) 酸化剤，水分との接触を避ける.
(2) 粘性のある液体である.
(3) 水と反応して水素を発生する.
(4) 還元剤である.
(5) 高温ではリチウムと水素に分解する.

問 7-2 解答 (5)　水素化ナトリウムの化学式は NaH である.

(1), (2), (3) 正しい

(4) 正しい　$NaH + H_2O \rightarrow NaOH + H_2$

湿気により水素を発生し，発火することもある.

(5) 誤　り　$2NaH \rightarrow 2Na + H_2$

加熱すると，ナトリウムと水素に分解する.

問 7-3 解答 (1)　水素化ナトリウムの化学式は NaH である.

(1) 誤　り　液体ではなく，灰色の結晶である.

(2) 正しい　有毒である.

(3) 正しい　$2NaH \rightarrow 2Na + H_2$

(4) 正しい　湿った空気中で分解し，水素を発生するため，窒素封入ビン等に密栓して貯蔵する.

(5) 正しい　還元性が強い.

問 7-4 解答 (3)　水素化リチウムの化学式は LiH である.

(1) 正しい　比重は 0.82 である．よって水より軽い.

(2) 正しい

(3) 誤　り　酸化性はない．還元剤として使用される.

(4) 正しい　水によって分解され，水素を発生する.

$LiH + H_2O \rightarrow LiOH$（水酸化リチウム）$+ H_2$（水素）

(5) 正しい

問 7-5 解答 (2)　水素化リチウムの化学式は LiH である.

(1) 正しい

(2) 誤　り　液体ではない．白色の結晶である

(3) 正しい　$LiH + H_2O \rightarrow LiOH$（水酸化リチウム）$+ H_2$（水素）

(4) 正しい

(5) 正しい　$2LiH \rightarrow 2Li + H_2$　高温でリチウムと水素に分解する.

問7−6　**リン化カルシウムの性状について，誤っているものを選べ．**

(1) アルカリには溶けない．

(2) 赤褐色の結晶である．

(3) 水と反応し，毒性の強い気体であるリン化水素が発生する．

(4) 乾いた空気中で，容易に自然発火する．

(5) 融点は1600 ℃以上である．

問7−7　**リン化カルシウムの性状について，誤っているものを選べ．**

(1) 乾いた空気中で，発火する．

(2) 赤褐色の結晶である．

(3) 比重は１より大きい．

(4) 水と作用し，毒性の強い可燃性の気体が発生する．

(5) 火災発生時，有毒なリン酸化物が生じる．

●問８●　第３類の個々の物質の性状等

炭化カルシウム（CaC_2），炭化アルミニウム（Al_4C_3），トリクロロシラン（$SiHCl_3$）

問8−1　**炭化カルシウムについての説明で，次の文中の（　　）内に入る語句として，正しい組合せを選べ．**

「炭化カルシウムは高温で（　A　）ガスを通ずると石灰窒素となり，水と反応させるとアセチレンガスを発生する．アセチレンガスの燃焼範囲は（　B　），また，（　C　）と反応すると爆発性化合物を生成する．」

	A	B	C
(1)	酸素	広く	炭素
(2)	水素	狭く	鉄
(3)	窒素	広く	銅
(4)	水素	狭く	銀
(5)	窒素	広く	亜鉛

問 7-6 解答 (4)　リン化カルシウムの化学式は Ca_3P_2 である.

(1), (2)　正しい

(3) 正しい　発生するリン化水素の化学式は PH_3 である. リン化水素のことをホスフィンともいう.

(4) 誤　り　乾いた空気中では, 容易に自然発火しない.

(5) 正しい

問 7-7 解答 (1)　リン化カルシウムの化学式は Ca_3P_2 である.

(1) 誤　り　乾いた空気中で, 発火しない.

(2) 正しい　赤褐色(あかかっしょく)(暗赤色(あんせきしょく))の結晶である.

(3) 正しい　比重 2.51

(4) 正しい　発生する気体はリン化水素 (PH_3) である. リン化水素のことをホスフィンともいう.

(5) 正しい　有毒なリン酸化物とは五酸化二リン (P_2O_5) である.

問 8-1 解答 (3)　そのまま当てはめて覚えるとよい.

(参考) 炭化カルシウムの化学式は CaC_2, 石灰窒素(せっかいちっそ)の主成分は $CaCN_2$ である.

水との反応は, $CaC_2 + 2HO_2 \rightarrow Ca(OH)_2 + C_2H_2$

水酸化カルシウム　アセチレン

アセチレンガスの燃焼範囲は 2.5〜81%であり, 広い.

問8－2　**炭化カルシウムの性状について，正しいものを選べ．**

(1) 水と作用して発生した気体は，空気より重い．

(2) それ自身は可燃性である．

(3) 水と作用すると発熱する．

(4) 貯蔵容器には，通気孔を設けたものを使用する．

(5) 純粋なものは灰黒色の粉体であり，粉じん爆発を起こすことがある．

問8－3　**炭化カルシウムの性状として，誤っているものを選べ．**

(1) 水より重い．

(2) 融点は2000 ℃より高い．

(3) 純粋なものは無色であるが，一般には灰黒色の固体である．

(4) 高温で窒素ガスと反応する．

(5) 水と作用して，生石灰と水素を生成する．

問8－4　**炭化カルシウムの性状として，誤っているものを選べ．**

(1) 一般に流通しているものは，不純物として硫黄，リン，窒素等を含むため灰黒色(はいこくしょく)である．

(2) 純粋なものは常温（20 ℃）において白色または無色の結晶である．

(3) 水と反応して，エタンを発生して酸化カルシウムになる．

(4) それ自体は不燃性である．

(5) 高温では強い還元性をもち，多くの酸化物を還元する．

問 8-2 解答 (3)

(1) 誤　り　水との反応により発生した気体は，アセチレン（C_2H_2）である．

アセチレンの分子量は $C_2H_2 = 12\,g \times 2 + 1\,g \times 2 = 26\,g$

一方空気 1 mol は 29 g であるので空気より軽い．

(2) 誤　り　それ自身は不燃性である．

(3) 正しい　水と作用すると発熱する．

(4) 誤　り　空気中の水分で C_2H_2 が発生してしまうので，通気孔は設けてはいけない．容器は密栓する．

(5) 誤　り　純粋なものは無色透明の結晶である．不燃物であるため粉じん爆発を起こすことはない．

問 8-3 解答 (5)　炭化カルシウムの化学式は，CaC_2 である．

(1) 正しい　比重は 2.2 である．

(2) 正しい　融点は 2300 ℃である．

(3) 正しい　純粋なものは無色であるが，一般には灰黒色（はいこくしょく）（又は灰色）の固体である．

(4) 正しい　高温で窒素ガスと反応すると石灰窒素（主成分 $CaCN_2$）ができる．

$$CaC_2 + N_2 \rightarrow CaCN_2 + C$$

(5) 誤　り　水と作用して，消石灰とアセチレンを生成する．（参考）消石灰の化学式は $Ca(OH)_2$，生石灰の化学式は CaO，アセチレンの化学式は C_2H_2 である．

$$CaC_2 + 2H_2O \rightarrow Ca(OH)_2 + C_2H_2$$

問 8-4 解答 (3)　炭化カルシウムの化学式は，CaC_2 である．

(1)，(2)，(4)，(5) 正しい

(3) 誤　り　水と反応して，アセチレンを発生して水酸化カルシウムとなる．

（参考）水酸化カルシウムは消石灰ともいい，化学式は $Ca(OH)_2$ である．アセチレンの化学式は C_2H_2 である．

$$CaC_2 + 2H_2O \rightarrow Ca(OH)_2 + C_2H_2 + 130.3\ [KJ]$$

問8－5　炭化アルミニウムの性状として，次の文の（　　）内に当てはまる語句の組合せを選べ．

「炭化アルミニウムの純粋なものは，常温（20℃）で無色透明の結晶であるが，一般には（　A　）の結晶であることが多い．乾燥剤，（　B　）などとして使用される．水と反応して発熱し可燃性，爆発性の（　C　）を発生する．」

	A	B	C
(1)	黄色	還元剤	アセチレンガス
(2)	灰色	酸化剤	エタンガス
(3)	黄色	還元剤	メタンガス
(4)	黄色	酸化剤	メタンガス
(5)	灰色	還元剤	エタンガス

問8－6　トリクロロシランの性状として，誤っているものを選べ．

(1) 常温（20℃）において黄褐色の液体である．

(2) 引火点は常温（20℃）より低い．

(3) 燃焼範囲は1.2～90.5%と広い．

(4) 水と反応して塩化水素を発生する．

(5) 揮発性，刺激臭があり，有毒である．

問8－7　トリクロロシランの性状として，誤っているものを選べ．

(1) 水と作用して塩化水素を発生する．

(2) 無色の引火性の液体である．

(3) 酸化剤と混合すると爆発的に反応する．

(4) 消火には二酸化炭素消火剤による消火が最も有効である．

(5) 皮膚との接触，体内への摂取，吸入等は有害である．

問 8-5 解答 (3)

(3)が正しい．正しい文章で覚えるとよい．炭化アルミニウムの化学式は Al_4C_3 である．

問 8-6 解答 (1)　トリクロロシランの化学式は $SiHCl_3$ である．

(1) 誤　り　黄褐色ではなく無色の液体である．

(2) 正しい　引火点は－14℃であり，20℃より低い

(3) 正しい

(4) 正しい　（参考まで）反応式は以下のとおりである．

$SiHCl_3 + H_2O \rightarrow [Si\text{-}O]_n + HCl$（塩化水素）（係数省略）

※ $[Si\text{-}O]_n$ はシリコンポリマーで，（Si-O）を骨格とした化合物である．n は整数 1，2，3…

(5) 正しい

問 8-7 解答 (4)

(1)，(2)，(3) 正しい

(4) 誤　り　二酸化炭素消火剤は効果がない．乾燥砂等の砂系消火剤が有効である．

(5) 正しい

第3類 ◆補　足◆

ポイント1：アルキル基とは

メタン（CH_4），エタン（C_2H_6），プロパン（C_3H_8）などのメタン系炭化水素から水素原子1個を取り除いた原子団で一般式-C_nH_{2n+1}で表される．n = 1ならメチル基-CH_3，n = 2ならエチル基-C_2H_5，n = 3ならプロピル基-C_3H_7となる．

構造式

	メタン(CH_4)	エタン(C_2H_6)	プロパン(C_3H_8)
メタン系炭化水素	H | H—C—H | H	H　H |　| H—C—C—H |　| H　H	H　H　H |　|　| H—C—C—C—H |　|　| H　H　H
	メチル基(-CH_3)	エチル基(-C_2H_5)	プロピル基(-C_3H_7)
アルキル基	H | —C—H | H	H　H |　| —C—C—H |　| H　H	H　H　H |　|　| —C—C—C—H |　|　| H　H　H

ポイント2：ノルマルブチルリチウム(C_4H_9Li)の構造式…(参考まで)

```
    H   H   H   H
    |   |   |   |
H — C — C — C — C — Li
    |   |   |   |
    H   H   H   H
```

ポイント3：第3類の問題で名前がよく登場する周期表にある物質

アルカリ金属	アルカリ土類金属	ハロゲン族	希ガス
リチウム　(Li)	カルシウム　(Ca)	フッ素　(F)	ヘリウム　(He)
ナトリウム　(Na)	バリウム　(Ba)	塩素　(Cl)	ネオン　(Ne)
カリウム　(K)		臭素　(Br)	アルゴン　(Ar)
		ヨウ素　(I)	

☆アルカリ金属とアルカリ土類金属は周期表（p12,13）の左2つ，ハロゲン属と希ガスは周期表の右2つである．

第 5 類

●問 1● 第1類～第6類までの一般的性状について

●問 2● 第5類の共通性状について

●問 3● 第5類の火災予防と貯蔵・取扱いについて

●問 4● 第5類の消火方法について

●問 5● 第5類の個々の物質の性状等：有機過酸化物

●問 6● 第5類の個々の物質の性状等：硝酸エステル類

●問 7● 第5類の個々の物質の性状等：ニトロ化合物

●問 8● 第5類の個々の物質の性状等：
ジニトロソペンタメチレンテトラミン，アゾ化合物，
ジアゾジニトロフェノール

●問 9● 第5類の個々の物質の性状等：
硝酸ヒドラジン，硫酸ヒドロキシルアミン，
ヒドロキシルアミン，アジ化ナトリウム，
硝酸グアニジン

●問１●　第１類～第６類までの一般的性状について

問1－1　**危険物の類ごとの性状として，誤っているものを選べ．**

(1) 第１類は，一般に不燃性物質である．
(2) 第２類は，どれも水に溶けやすい物質である．
(3) 第３類は，水や空気に接触すると発火する危険性がある．
(4) 第４類は，どれも引火点をもつ液体である．
(5) 第６類は，どれも不燃性の液体である．

問1－2　**第１類から第６類の危険物の性状として，誤っているものを選べ．**

(1) 不燃性の固体または液体で，酸素を分離し他の燃焼を助けるものがある．
(2) 同じ物質であっても，粒度および形状によって危険物になるものとならないものがある．
(3) 水と接触して可燃性ガスを発生し，発火するものがある．
(4) 多くの酸素を含んでおり，他から酸素の供給がなくても燃焼するものがある．
(5) 水，エチルアルコールおよび二硫化炭素を保護液として使用するものがある．

●問２●　第５類の共通性状について

問2－1　**危険物の第５類に共通する性状として，正しいものを選べ．**

(1) 水分と作用して，自然発火する．
(2) 酸化性の固体または液体である．
(3) 燃焼速度は速いが，爆発する危険性はない．
(4) 空気に触れると，発火する危険性がある．
(5) 分子内に，可燃物と酸素供給源をもっている．

問 1-1 解答 (2)

(1), (3), (4), (5) 正しい

(2) 誤　り　第2類の危険物は，どれも水に溶けにくい物質である．

問 1-2 解答 (5)

(1) 正しい　第1類と第6類の性状である．第1類は不燃性固体，第6類は不燃性液体である．

(2) 正しい　鉄についていえば，鉄製のフライパンは危険物にならないが，鉄粉にすれば第2類の危険物になる．

(3) 正しい　第3類のナトリウム（Na）やカリウム（K）などは，水と接触して可燃性ガス（水素）を発生し，その際発生した熱により発火する．

(4) 正しい　第5類の性状である．

(5) 誤　り　水は第3類の黄リン（P）や第4類の二硫化炭素の保護液となるが，エチルアルコールおよび二硫化炭素（CS_2）は他の物質の保護液にはならない．

問 2-1 解答 (5)

(1) 誤　り　水分と作用して，自然発火するのは第3類の禁水性物質のもつ性状である．

(2) 誤　り　酸化性の固体は第1類，酸化性の液体は第6類の共通性状である．第5類の有機過酸化物に分類される過酸化ベンゾイルや過酢酸は，強い酸化作用をもつが第5類の共通性状ではない．

(3) 誤　り　燃焼速度は速く，爆発する危険性がある．

(4) 誤　り　空気に触れると，発火する危険性があるのは，主に第3類の自然発火性物質の性質である．

(5) 正しい　第5類は分子内に，可燃物と酸素供給源をもっている．

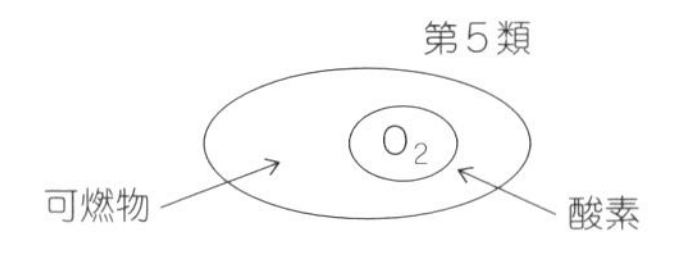

例外もある．
それはアジ化ナトリウム NaN_3 である．
分子内に酸素 O を持っていない．

問2−2　危険物の第5類の性状として，正しいものを選べ．

(1) どれも自己反応性物質であり，爆発や発火をしやすい．
(2) どれも水と接触すると爆発する．
(3) どれも凍結すると分解して，爆発しやすい．
(4) 衝撃，加熱に対しては，安定している．
(5) 酸素含有物質であり，不燃性のものが多い．

問2−3　危険物の第5類の性状として，誤っているものを選べ．

(1) メチルエチルケトンパーオキサイドは無色透明の液体であり，危険性が高いため，可塑剤（フタル酸ジメチル）で希釈し，市販されている．
(2) ニトログリセリンを樟（しょう）のうとアルコールで溶かしたものをコロジオンという．
(3) 硝酸エチルは引火しやすい液体である．
(4) アジ化ナトリウム自体は爆発性はないが，酸により，有毒で爆発性のアジ化水素酸を発生する．
(5) ピクリン酸は，黄色の結晶であり，単独でも爆発する危険性がある．

問2−4　危険物の第5類の性状として，誤っているものを選べ．

(1) 酸素含有物であり，自己燃焼を起こしやすい．
(2) どれも可燃性の液体または固体である．
(3) 貯蔵中に自然発火を起こす危険性をもつものがある．
(4) 衝撃，加熱，摩擦により爆発を起こすものが多い．
(5) 水と反応して爆発性の金属塩を形成するものがある．

問 2-2 解答 (1)

(1) 正しい　第5類の性状である.

(2) 誤　り　水と接触しても爆発しない.

(3) 誤　り　凍結しても分解しない. ニトログリセリンは8℃になると凍結し危険な状態になるが, すべての第5類に当てはまるものではない.

(4) 誤　り　衝撃, 加熱には, 不安定で爆発しやすい.

(5) 誤　り　酸素含有物質であり, 可燃性のものが多い. (注)アジ化ナトリウム(NaN_3)は可燃性ではないが, 酸により爆発性のアジ化水素酸(HN_3)を発生するため第5類に分類されている.

問 2-3 解答 (2)

(1) 正しい

(参考)「可塑剤（かそざい）」とは, 高分子, 合成樹脂に流動性を与え成形しやすくしたり, 成形品に柔軟性を与えるために添加される物質をいう. 高分子によく溶けあい, 溶媒のような働き（薄める物質）をする物質である. なお, メチルエチルケトンパーオキサイドはエチルメチルケトンパーオキサイドともいう.

(2) 誤　り　ニトロセルロースをジエチルエーテルとアルコールで溶かしたものがコロジオンである.

(3) 正しい　(参考) 硝酸エチルの化学式は $C_2H_5NO_3$ である.

(4) 正しい　(参考) アジ化ナトリウムの化学式は NaN_3, アジ化水素酸の化学式は HN_3 である.

(5) 正しい　ピクリン酸（トリニトロフェノール）の構造式は第5類の補足（220ページ）のポイント1-1を参照.

問 2-4 解答 (5)

(1), (2), (4) 正しい

(3) 正しい　ニトロセルロースやセルロイドなどは貯蔵中に自然発火を起こす危険性がある.

(5) 誤　り　金属と反応して爆発性の金属塩を形成するものもある.「水と反応して…」ではない. 具体的には, ピクリン酸が該当する. ピクリン酸のことをトリニトロフェノールともいう.

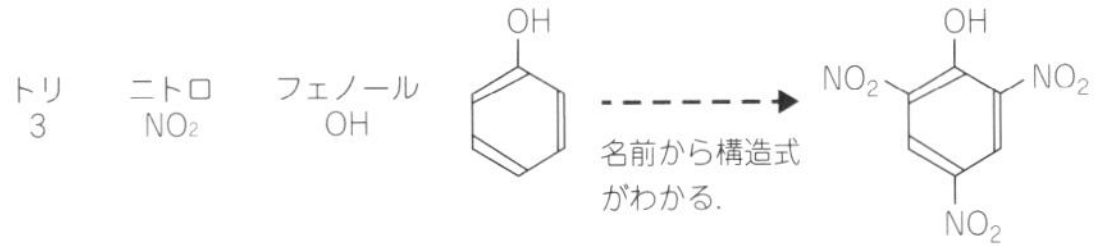

トリ　ニトロ　フェノール
3　NO_2　OH

OH
名前から構造式がわかる.
OH
NO_2　NO_2
NO_2

問2－5　**危険物の第５類のうち，常温（20℃）で液体のものを選べ.**

(1) トリニトロトルエン

(2) 硫酸ヒドラジン

(3) アジ化ナトリウム

(4) メチルエチルケトンパーオキサイド
（エチルメチルケトンパーオキサイド）

(5) ニトロセルロース

問2－6　**第５類の危険物の性状として，正しいものを選べ.**

(1) 常温（20℃）で気体のものがある.

(2) 引火点を有するものがある.

(3) 水と反応して酸素を発生する.

(4) 空気に長時間接触すると，爆発する危険性がある.

(5) それ自体のみでは燃焼も爆発もしない.

問 2-5 解答　(4)

(1), (2), (3), (5)は固体. (4)のメチルエチルケトンパーオキサイドのみ液体である. (1), (2), (3), (5)の化学式は以下のとおりである.

(1) $C_6H_2(NO_2)_3CH_3$　(2) $NH_2NH_2 \cdot H_2SO_4$　(3) NaN_3　(5) $[C_6H_7(ONO_2)_3]_n$

☆(1)のトリニトロトルエン, (4)のメチルエチルケトンパーオキサイドは, 第5類の補足（220ページ）のポイント1-2, 1-3を参照.

問 2-6 解答　(2)

(1) 誤　り　危険物に常温で気体のものはない.

(2) 正しい　硝酸メチル, 硝酸エチル, メチルエチルケトンパーオキサイド, 過(か)酢酸(さくさん), ピクリン酸などは引火点を有する.

(3) 誤　り　第5類で水と反応して酸素を発生するものはない.

（参考）第3類のカリウムやナトリウムは水と反応して水素を発生.

(4) 誤　り　第5類ではなく, 第3類の危険物のうちの, 自然発火性物質の説明である.

(5) 誤　り　「それ自体のみで, 燃焼や爆発をする.」周囲に酸素がなくても, 衝撃・摩擦等で燃焼や爆発をするのが第5類である.

●問３●　第５類の火災予防と貯蔵・取扱いについて

問3−1　**危険物の第５類とその火災予防の方法として，誤っているものを選べ．**

⑴ ニトロセルロースは自然分解しやすいので，エタノール又は水で湿綿として，安定剤を加え冷暗所に貯蔵する．

⑵ ニトログリセリンが床上や箱を汚染したときは，カセイソーダのアルコール溶液で分解し布片で拭きとる．

⑶ ピクリン酸の乾燥した状態のものは，危険性が増してくるので，アルコールに溶解して貯蔵する．

⑷ 過酸化ベンゾイルは，加熱や火気を避け，有機物や強酸類から隔離する．

⑸ トリニトロトルエンは，溶融したものの方が，衝撃に対し敏感である．

問3−2　**危険物の第５類に共通する火災予防の方法として，誤っているものを選べ．**

⑴ 加熱または火気などを避ける．

⑵ 冷暗所で，通風をよくして貯蔵する．

⑶ 分解しやすいものは，特に温度，湿気，通風に注意する．

⑷ 乾燥した状態の方が安全である．

⑸ 摩擦，衝撃などを避ける．

問 3-1 解答 (3)

(1), (2) 正しい　（参考）カセイソーダとは，水酸化ナトリウム（NaOH）のことである．

(3) 誤　り　「ピクリン酸の乾燥した状態のものは，危険性が増してくる」は正しいが，「アルコールに溶解して貯蔵する」は誤り．ピクリン酸をアルコールに溶解すれば，摩擦，衝撃で激しく爆発する．通常10%程度の水を加えて貯蔵する．

(4) 正しい

(5) 正しい　トリニトロトルエンは頭文字をとって TNT ともいう．融点は82 ℃である．

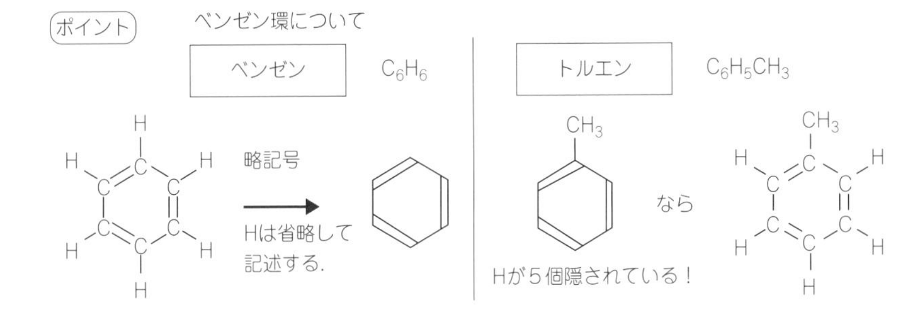

問 3-2 解答 (4)

(1), (2), (3), (5) 正しい

(4) 誤　り　乾燥した状態の方が危険性が増してくるものもある．特にピクリン酸やニトロセルロースは，乾燥した状態の方が危険性が増してくる．ピクリン酸の構造式は，第5類の補足（220ページ）のポイント1-1を参照．

問3−3　第５類の危険物の危険性と火災予防の方法で，誤っているものを選べ.

(1) 硝酸エチルは引火性を有し爆発しやすいため，貯蔵・取扱いをする場合は通風をよくする.

(2) アジ化ナトリウムはそれ自体爆発性があるので，打撃によって爆発する危険性がある.

(3) ニトロセルロースを貯蔵する場合は，水又はアルコールで湿潤の状態とし，冷暗所に安定な状態で貯蔵する.

(4) メチルエチルケトンパーオキサイドは，容器を密栓すると内圧が上昇し分解を促進するため，ふたは通気性をもたせる.

(5) 過酸化ベンゾイルは濃流酸や硝酸などと接触すると，燃焼又は爆発の危険性がある.

問3−4　危険物の第５類の貯蔵取扱いについて，誤っている組合せを選べ.

A　廃棄する場合は，まとめて廃棄する.

B　通風をよくして，室温，湿気に注意する.

C　トリニトロトルエンは，固体よりも溶融したものの方が，衝撃に対して敏感である.

D　セルロイドは古くなると，自然発火することがある.

E　ニトロセルロースは，乾燥状態で保管する.

(1) AC　　(2) AE　　(3) BC　　(4) BD　　(5) DE

問 3-3 解答 (2)

(1) 正しい　硝酸エチルの化学式は $C_2H_5NO_3$ である．

(2) 誤　り　アジ化ナトリウム（NaN_3）はそれ自体爆発性はない．酸によって分解し，有毒で爆発性のアジ化水素酸（HN_3）を生成する．

(3) 正しい　ニトロセルロース……外観は原料の綿や紙と同様である．それらの成分であるセルロース $(C_6H_{10}O_5)_n$ を硝酸と硫酸の混合液につけてつくったもので，化学式は　$[C_6H_7(ONO_2)_3]_n$ である．ニトロセルロースはアルコール又は水に浸して貯蔵する．

(4) 正しい　メチルエチルケトンパーオキサイドはこのような化学式である．

（一例）

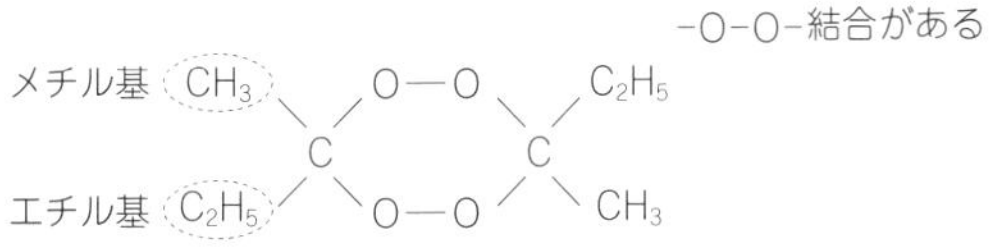

-O-O-結合がある

メチル基 CH_3、エチル基 C_2H_5 が結合したC、O—O（2箇所）、C（C_2H_5、CH_3）

読み方「メチル　エチル　ケトン　パー　オキサイド」と区切って読む

(5) 正しい　過酸化ベンゾイルは下記のような化学式である．-O-O-結合がある．

$(C_6H_5CO)_2O_2$

（構造式）　ベンゼン環—C(=O)—O—O—C(=O)—ベンゼン環

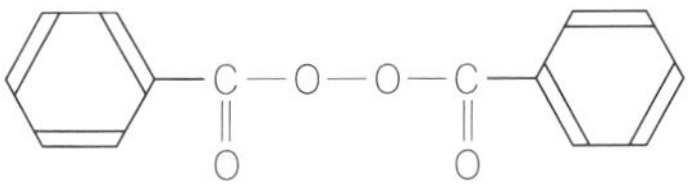

問 3-4 解答 (2)　AとEの2つが誤りである．BCDは正しい．

A 誤　り　廃棄する場合は，少量に小分けして廃棄する．

E 誤　り　ニトロセルロースは乾燥させると自然発火の危険性があるため，アルコールまたは水で湿綿（しつめん）にして保管する．

問3−5 **危険物の第5類に共通する貯蔵・取扱いの注意事項として，正しい組合せを選べ．**

A　容器は，密栓せずガス抜き口を設ける．

B　風通しのよい冷暗所に貯蔵する．

C　衝撃，加熱，または摩擦を避ける．

D　乾燥状態を保ち，水分と反応しないようにする．

E　分解しやすい物質については，室温，湿気，通風に注意する．

(1) ABC　(2) ACD　(3) BCE　(4) BDE　(5) ADE

問3−6 **危険物の第5類の貯蔵・取扱いの注意事項として，誤っているものを選べ．**

(1) 通風や室温の上昇に注意する．

(2) 高温体の接触や火気を避け，衝撃を与えないようにする．

(3) 容器からの漏えい，容器の破損に注意する．

(4) 室内温度は40℃以下で，湿度の高い場所で貯蔵する．

(5) 物質によっては，乾燥すると危険なものがあるため注意する．

問3−7 **危険物の第5類の貯蔵・取扱いに関して，金属との接触を特に避けなければならないものを選べ．**

(1) トリニトロトルエン　(2) 硝酸エチル　(3) ニトロセルロース

(4) ニトログリセリン　(5) ピクリン酸

問3−8 **危険物の第5類の貯蔵・取扱いの注意事項として，誤っているものを選べ．**

(1) 貯蔵する容器は，すべて密栓する．

(2) 乾燥させると危険なものがあるので注意する．

(3) 火花や炎との接触を避け，また強い衝撃を与えない．

(4) 取扱う場所には，必要最小限の量を置く．

(5) 容器に収納した危険物の温度は，分解温度を超えないようにする．

問 3-5 解答 (3)

BCE が正しい．そのまま覚えるとよい．

A 誤　り　容器は，密栓しないでガス抜き口を設けたものを使用するのは，第5類ではメチルエチルケトンパーオキサイドのみに当てはまる．つまり共通の注意事項ではない．

D 誤　り　例としてニトロセルロースやピクリン酸は乾燥すると危険性は増してくる．そのため保護液に浸して保存する．ニトロセルロースの保護液は水またはエタノールで，ピクリン酸の保護液は水．

問 3-6 解答 (4)

(1)，(2)，(3) 正しい．そのまま覚えるとよい．

(4) 誤　り　通風のよい冷暗所に貯蔵する．40℃は高温と判断される．高温はいけない．また湿度を高くしてはいけない．

(5) 正しい　ピクリン酸やニトロセルロースは，乾燥すると危険な状態になる．保護液に浸して保存する．

問 3-7 解答 (5)

ピクリン酸である．金属と作用して爆発性の金属塩をつくる．

（参考）(2) 硝酸エチル $C_2H_5NO_3$　[$-C_2H_5$：エチル基　$-NO_3$：硝酸基]

(3) ニトロセルロース　$[C_6H_7(ONO_2)_3]_n$

問 3-8 解答 (1)

(1) 誤　り　第5類の危険物では，メチルエチルケトンパーオキサイドのみガス抜き口を設ける．よって「すべて密栓する」は誤りである．

(2) 正しい　ピクリン酸とニトロセルロースなどは乾燥させると危険である．

(3)，(4)，(5) 正しい

☆ピクリン酸とメチルエチルケトンパーオキサイドの構造式は，第5章の補足(220ページ）のポイント1-1を参照．

●問4● 第5類の消火方法について

問4−1 **危険物の第5類の消火方法として，誤っているものを選べ．**

(1) 二酸化炭素消火設備で消火する．

(2) 水噴霧消火設備で冷却消火する．

(3) 強化液消火設備で冷却消火する．

(4) 一般的に酸素を含有しているので，窒息消火は効果がない．

(5) 燃焼している危険物が多量にある場合は，消火が極めて困難である．

問4−2 **アジ化ナトリウムの火災に対して，一番適する消火設備を選べ．**

(1) スプリンクラー設備　(2) 乾燥砂　(3) 二酸化炭素消火設備

(4) 粉末消火設備　(5) ハロゲン化物消火設備

問4−3 **危険物の第5類の性状に照らし，消火方法として，水を用いることが適切でない物品を選べ．**

(1) セルロイド　(2) 硫酸ヒドラジン　(3) アジ化ナトリウム

(4) トリニトロトルエン　(5) ジニトロソペンタメチレンテトラミン

問4−4 **危険物の第5類（金属のアジ化物を除く）に適合する消火設備として，適さないものの組合せを選べ．**

A　二酸化炭素消火設備　B　泡消火設備　C　スプリンクラー消火設備

D　粉末消火設備　E　ハロゲン化物消火設備

(1) ABC　(2) ACE　(3) BCD　(4) BDE　(5) ADE

問 4-1 解答 (1)

(1) 誤　り　二酸化炭素消火設備は第5類に対し効果がない.

(2), (3) 正しい　水噴霧消火設備も強化液消火設備も水系であるので適する.

(4), (5) 正しい

問 4-2 解答 (2)　アジ化ナトリウムの化学式は NaN_3 である.

(1) 誤　り　アジ化ナトリウムの火災に水系の消火剤は不適である. アジ化ナトリウムは火災において熱分解によって金属ナトリウム (Na) になる. Na は第3類危険物で水は不適である. 水素を発生して爆発するからである.

(2) 正しい　アジ化ナトリウムの火災では砂系の消火剤が一番よい.

(3) 誤　り　二酸化炭素消火薬剤は効果がない.

(4) 誤　り　粉末消火薬剤は効果がない.

(5) 誤　り　ハロゲン化物消火薬剤は有毒ガスを発生するので不適である.

問 4-3 解答 (3)

第5類危険物のうちアジ化ナトリウム (NaN_3) 以外は水消火が適する. しかしアジ化ナトリウムの火災に関しては, 水消火は適さない. 理由は, 問 4-2 の(1)の解説の通りである. (1), (2), (4), (5)の物質に関しては, 水が適する.

(参考) 各物品の化学式……(1), (2), (5)は特に覚える必要はない.

(1) セルロイド…セルロイドとはニトロセルロースに樟(しょう)のうを混ぜてつくられたものである. $[C_6H_7(ONO_2)_3]_n$ ＋樟のう

(2) $NH_2NH_2 \cdot H_2SO_4$　(3) NaN_3　(4) $C_6H_2(NO_2)_3CH_3$　(5) $C_5H_{10}N_6O_2$

問 4-4 解答 (5)　ADE が適さない.

第5類の危険物 (金属のアジ化物を除く) に関係する火災には水系の消火剤が適する. B と C が水系である. AD は効果がなく, E は有毒ガスを発生するため不適である.

問4−5　**危険物の第5類（金属のアジ化物を除く）に関する火災に対しては，窒息消火は不適切であり，大量の水により消火するのがよい．その理由を選べ．**

(1) 可燃性であるため．

(2) 酸素供給源をもち，自己燃焼するため．

(3) 硝化物（しょうかぶつ）であるため．

(4) 毒性ガスが発生するため．

(5) 水と反応しないため．

●問5●　第5類の個々の物質の性状等

有機過酸化物（ゆうきかさんかぶつ）（過酢酸，過酸化ベンゾイル，メチルエチルケトンパーオキサイド）

問5−1　**有機過酸化物の性状として，正しいものの組合せを選べ．**

A　分子中に酸素・酸素結合（-O-O-）を有する化合物で，結合力は極めて弱い．

B　過酸化水素の1個又は2個の水素原子を，金属と置換した化合物である．

C　自己反応性物質であり，なかには引火点を有するものがある．

D　光，熱或（ある）いは還元性物質により容易に分解し，遊離（ゆうり）ラジカルを発生する．

E　摩擦，衝撃等に対して極めて安定である．

(1) ABC　(2) ACD　(3) ADE　(4) BCE　(5) BDE

問5−2　**過酢酸の性状として，誤っているものを選べ．**

(1) 強い酸化作用をもち，助燃作用もある．

(2) 110 ℃に加熱すると，発火，爆発する．

(3) 火気厳禁である．

(4) 適応消火剤は，二酸化炭素である．

(5) 換気良好な冷暗所にて，可燃物と隔離して貯蔵する．

問 4-5 解答 (2)

(1), (3), (4), (5) 誤　り

(2) 正しい　一般に第5類危険物は内部に酸素をもっており，自己燃焼をするからである（第5類の問2-1 選択肢(5)の解説参照）.

問 5-1 解答 (2)　ACD が正しい.

A 正しい　分子中に酸素・酸素結合（-O-O-）を有する化合物で，結合力は極めて弱い.

B 誤　り　過酸化水素の化学式は H_2O_2 である．正しくは［過酸化水素の1個又は2個の水素原子を，有機物と置換した化合物である.］

C 正しい　過酢酸，メチルエチルケトンパーオキサイド，硝酸エチルは引火点を有する.

D 正しい

E 誤　り　衝撃，摩擦等に対して極めて不安定である.

問 5-2 解答 (4)

過酢酸(かさくさん)は CH_3COOOH で，酢酸(さくさん)（CH_3COOH）より O が1つ多い形をしている．酢酸よりもさらに強烈なものを想像すればよい.

(1), (2), (3), (5) 正しい

(4) 誤　り　火災の際の適応消火剤は，大量の水，次に泡である．二酸化炭素は効果がない.

問5−3 **過酢酸の性状として，誤っているものを選べ.**

(1) 酸化剤であり，有機物に接触すると爆発する.

(2) 水，エタノールによく溶ける.

(3) 皮膚，粘膜に対し激しい刺激作用がある.

(4) 引火性を有しない.

(5) 硫酸によく溶ける.

問5−4 **有機過酸化物の説明で，次のA～Dに当てはまるものを選べ.**

「有機過酸化物は（　A　）温度で（　B　）し，また一部のものは（　C　）等で容易に分解する．それゆえ有機過酸化物の貯蔵・取扱いには注意が必要である．有機過酸化物の分解は-O-O-の結合の（　D　）に起因する.」

	A	B	C	D
(1)	低い	分解	衝撃・摩擦	弱さ
(2)	高い	蒸発	衝撃・摩擦	強さ
(3)	低い	発火	静電気	強さ
(4)	低い	発火	衝撃・摩擦	強さ
(5)	高い	分解	静電気	弱さ

問5−5 **過酸化ベンゾイルの性状として，誤っているものを選べ.**

(1) 水より重い.

(2) 発火点は125℃である.

(3) 可燃性で着火すると黄色の煙を上げて燃える.

(4) 高純度のものは危険性が大きいので，水湿または可塑剤（かそざい）を混合して使用する.

(5) 水には溶けないが，有機溶剤には溶ける.

問 5-3 解答 (4)

(1), (2), (3), (5) 正しい

(4) 誤　り　過酢酸には引火点があり，41 ℃である.

問 5-4 解答 (1)

有機過酸化物といえば「過酸化ベンゾイル」「メチルエチルケトンパーオキサイド」「過酢酸」を思い出せばよい．答えの文章をそのまま覚えるとよい.

問 5-5 解答 (3)

過酸化ベンゾイルは，このような化学式である．-O-O-結合がある.

$(C_6H_5CO)_2O_2$

（構造式）
C—O—O—C
‖　　　　‖
O　　　　O

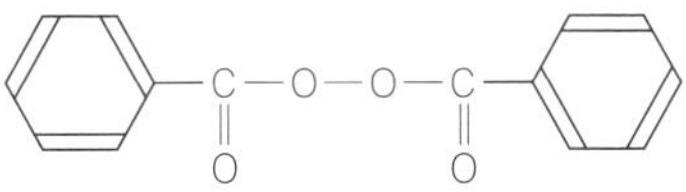

(1), (2), (5) 正しい

(3) 誤　り　過酸化ベンゾイルは着火すると黒煙を上げて燃える.

(4) 正しい　「水湿」とは水に浸して湿らせることである.

問5−6 **過酸化ベンゾイルの貯蔵・取扱いについて，誤っているものを選べ.**

(1) 100℃前後でも分解せず，安定である.

(2) 火気，加熱，摩擦，衝撃などを避ける.

(3) 容器は，振動等により倒れたり落下しないようにする.

(4) 濃度の高いものほど，爆発の危険性が高い.

(5) 硫酸，硝酸，アミン類等とは接触させない.

問5−7 **メチルエチルケトンパーオキサイドの希釈剤として，一般に用いられているものを選べ.**

(1) 水

(2) アニリン

(3) ナフテン酸コバルト

(4) ジメチルフタレート

(5) n-プロピルアルコール

問5−8 **メチルエチルケトンパーオキサイドの性状として，誤っているものを選べ.**

(1) 無色透明で特臭のある油状の液体で，引火性を有する物質である.

(2) 水には溶けないが，ジエチルエーテルにはよく溶ける.

(3) 分解の要因には，光や熱のほか，布や鉄さび等との接触がある.

(4) 純度の高いものは不安定で危険性が高いので，市販品はジメチルフタレート等の可塑剤で50〜60％に希釈されている.

(5) 容器は密栓して貯蔵する.

問 5-6 解答 (1)

(1) 誤　り　過酸化ベンゾイルは 100 ℃前後で白煙を発して激しく<u>分解する</u>.
着火すると黒煙を上げて燃える.

(2), (3), (4), (5) 正しい

問 5-7 解答 (4)

(1), (2), (3), (5) 誤り

(4) 正しい　メチルエチルケトンパーオキサイドの希釈剤は<u>ジメチルフタレート</u>である．構造式は参考．あえて覚える必要はない.

・ジメチルフタレート（フタル酸ジメチル）

［フタル酸の H の代わりに 2 つのメチル基が付いたもの］

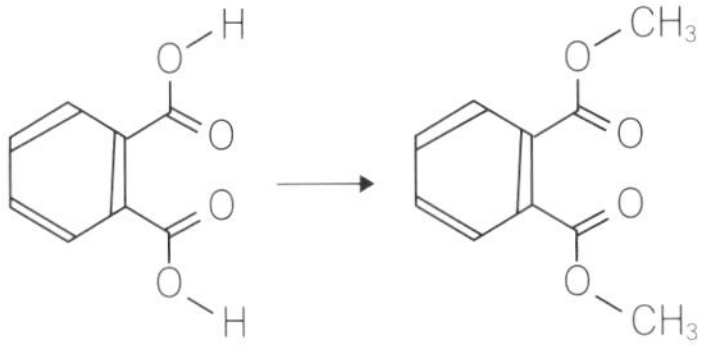

・アニリンは第 4 類の第 3 石油類，n-プロピルアルコールは第 4 類のアルコール類である.

問 5-8 解答 (5)

(1), (2), (3), (4) 正しい

(5) 誤　り　容器を密栓すると内圧が上昇し，分解を促進するので，<u>ふたは通気性をもたせる</u>.

●問6● 第5類の個々の物質の性状等

硝酸エステル類（硝酸メチル，硝酸エチル，ニトログリセリン，ニトロセルロース，セルロイド等）

問6−1　硝酸エステル類の性状として，誤っているものを選べ．

(1) 水より軽いものが多い．

(2) 硝酸の水素原子をアルキル基で置き換えた化合物の総称である．

(3) 硝酸メチルや硝酸エチルなどは分子内にアルキル基をもつ．

(4) 爆発性，速燃性である．

(5) 硝酸基には，多量の酸素を含有している．

問6−2　硝酸エステル類およびニトロ化合物に共通する性状として，誤っている組合せを選べ．

A　酸素含有物質である．

B　窒素含有物質である．

C　液状物質である．

D　腐食性物質である．

E　自然発火性物質である．

(1) ABC　(2) ABD　(3) ACE　(4) BDE　(5) CDE

問6-1 解答 (1)

(1) 誤り　どれも比重は1より大きい．つまり水より重い．

(2) 正しい　硝酸　HNO_3

$-CH_3$ メチル基　$-C_2H_5$ エチル基

メチル基，エチル基などをアルキル基という．

(3) 正しい　硝酸のHの代わりに$-CH_3$が付いたものが硝酸メチルCH_3NO_3，$-C_2H_5$が付いたものが硝酸エチル$C_2H_5NO_3$である．

(4) 正しい

(5) 正しい　硝酸基(しょうさんき)は$-NO_3$であり，化学式からわかるように酸素Oを多く含んでいる．

問6-2 解答 (5)　CDEが誤り．

硝酸エステル類を挙(あ)げると「硝酸メチル，硝酸エチル，ニトログリセリン，ニトロセルロース，セルロイド」などであり，一方ニトロ化合物は「ピクリン酸，トリニトロトルエン」などがある．これをもとに考えてみる．

A，B 正しい　例として硝酸エステル類の代表例　硝酸エチルの化学式は$C_2H_5NO_3$，ニトロ化合物の代表例のピクリン酸の化学式は$C_6H_2(NO_2)_3OH$であり，ともに分子中に酸素Oと窒素Nを有する．

C 誤り　上の物質のなかで液体であるものは「硝酸メチル，硝酸エチル，ニトログリセリン」の3つのみである．他のものは固体である．

D 誤り　硝酸メチル，硝酸エチルは香水の成分でもある．ニトログリセリンは心臓の薬（血管拡張）に用いられたりする．腐食性はない．またニトロ化合物も腐食性はない．

E 誤り　自然発火性物質は第3類の性状の1つである．第5類の物品の性状ではない．

問6－3　**硝酸エステルおよびニトロ化合物の共通の性状として，誤っているものを選べ.**

⑴ 水より重い.

⑵ 可燃物の中に酸素を含有している.

⑶ 水に溶けにくいものが多い.

⑷ 分子内にニトロ基をもつ.

⑸ 有機化合物である.

問6－4　**硝酸エステル類に属する物品を次のうちから選べ.**

⑴ トリニトロフェノール

⑵ ジニトロベンゼン

⑶ ジニトロクロロベンゼン

⑷ ニトロフェノール

⑸ ニトログリセリン

問6－5　**硝酸エチルの性状として，誤っているものを選べ.**

⑴ 芳香を有し甘味のある無色の液体である.

⑵ アルコールに溶ける.

⑶ 液比重は１より小さい.

⑷ 蒸気比重は１より大きい.

⑸ 引火点は常温（20 ℃）より低い.

問 6-3 解答 (4)

硝酸エステル類は，硝酸メチル（CH_3NO_3），硝酸エチル（$C_2H_5NO_3$），ニトログリセリン $C_3H_5(ONO_2)_3$，ニトロセルロース $[C_6H_7(ONO_2)_3]_n$，セルロイドなどである．一方，ニトロ化合物は，ピクリン酸 $[C_6H_2(NO_2)_3OH]$，トリニトロトルエン $C_6H_2(NO_2)_3CH_3$ などである．これをもとに考えてみる．

(1)，(2)，(5) 正しい

(3) 正しい　ニトロセルロースは水に溶けない．その他のものは水に溶けにくいものである．

(4) 誤　り　硝酸メチル，硝酸エチルはニトロ基 $-NO_2$ をもたない．硝酸基 $-NO_3$ をもつ．

問 6-4 解答 (5)

(1)，(2)，(3)，(4) 誤り

(5) 正しい

(参考)・ジ……2 つ　　トリ……3 つという意味である．

・ニトロと書かれておれば，ニトロ基（$-NO_2$）があることを意味する．クロロと書かれておれば塩素原子 Cl があることを意味する．

☆第 5 類の補足（220 ページ）ポイント 1 を参照．
(1) ポイント 1-1　(2) ポイント 1-5　(3) ポイント 1-6　(4) ポイント 1-7　(5) ポイント 1-4

問 6-5 解答 (3)　硝酸エチルの化学式は $C_2H_5NO_3$

(1) 正しい　硝酸エチルや硝酸メチルは香水の原料となる．よって芳香（ほうこう）があることがわかる．

(2) 正しい　水に溶けにくいが，アルコールに溶ける．アルコールとはメチルアルコールやエチルアルコールである．

(3) 誤　り　液比重は 1.11 である．よって液比重は 1 より大きい．水より重い．

(4) 正しい　蒸気比重は 3.14 である．よって蒸気比重は 1 より大きい．空気より重い．

(5) 正しい　引火点は 10 ℃である．

問6－6　**硝酸メチルの性状として，正しいものを選べ.**

(1) メタノールと硝酸の反応で得られる.
(2) 悪臭を有し，苦味(にがみ)がある.
(3) 窒素量の多い，難燃性の化合物である.
(4) 蒸気比重は１より小さい.
(5) 水より重く，水によく溶ける.

問6－7　**ニトログリセリンの性状として，正しいものを選べ.**

(1) 水，メタノールおよびアセトンに溶ける.
(2) 液体の状態では鈍感であり，爆発しにくい.
(3) 常温（20 ℃）では凍結した固体である.
(4) 液比重は１より小さい.
(5) 水酸化ナトリウムのアルコール溶液で分解すると非爆発性となる.

問6－8　**ニトロセルロースの説明で，誤っている組合せを選べ.**

A　ニトロセルロースは，セルロースを硝酸と硫酸の混合液につけてつくったもので，浸漬(しんせき)時間などにより硝化度(しょうかど)の異なるものが得られる.
B　硝化度の高いものを強硝化薬（綿(めん)），低いものを弱硝化薬（綿(めん)）という.
C　貯蔵するときは，ベンゼン又はアセトンで湿綿として冷暗所に貯蔵する.
D　日光の直射あるいは加熱によって分解し，自然発火することもある.
E　ニトロセルロースは別名硝化綿(しょうかめん)とも呼ばれ，弱硝化綿(じゃくしょうかめん)をジエチルエーテルとトルエンに溶かしたものがコロジオンである.

(1) AB　(2) AE　(3) BD　(4) CD　(5) CE

問 6-6 解答 (1) 硝酸メチルの化学式は CH_3NO_3

(1) 正しい　$CH_3OH + HNO_3 \rightarrow CH_3NO_3 + H_2O$

(2) 誤　り　芳香(ほうこう)を有し，甘味(あまみ)がある．

(3) 誤　り　窒素量は普通で，可燃性の化合物である．

(4) 誤　り　蒸気比重は2.65である．蒸気比重は1より大きく，空気より重い．

(5) 誤　り　水より重く，水に溶けにくい．液比重は1.22である．

問 6-7 解答 (5)

ニトログリセリンの化学式は $C_3H_5(ONO_2)_3$ である．あえて覚える必要はない．

(1) 誤　り　メタノール，アセトンには溶けるが，水にはほとんど溶けない．

(2) 誤　り　液体の状態でも敏感であり，爆発しやすい．

(3) 誤　り　20 ℃では液体である．凍結温度は8 ℃である．凍結するとさらに危険である．

(4) 誤　り　液比重は1.6である．液比重は1より大きい．つまり水より重い．

(5) 正しい　そのまま覚えよう．

問 6-8 解答 (5) CとEが誤りである．

(参考) ニトロセルロースの化学式は $[C_6H_7(ONO_2)_3]_n$ である．あえて覚える必要はない．

A，B，D 正しい（参考：化学式は，硝酸 HNO_3　硫酸 H_2SO_4）

C 誤　り 「ベンゼン又はアセトン」→「アルコール又は水」

E 誤　り 「ジエチルエーテルとトルエン」→「ジエチルエーテルとアルコール」 正しい文章にしてそのまま覚えよう．

問6－9　**ニトロセルロースの火災における消火剤として，最も適しているものを選べ．**

(1) ハロゲン化物消火剤　(2) 二酸化炭素消火剤　(3) 泡消火剤
(4) 大量の水　(5) 粉末消火剤

問6－10　**ニトロセルロースの性状として，誤っているものを選べ．**

(1) 乾燥すると危険性が増すので，アルコールで湿らせて貯蔵する．
(2) 加熱や日光の直射により，分解して自然発火することがある．
(3) 硝化度（含有窒素量）が高いほど，危険である．
(4) 水に溶けるため，注水消火は効果がない．
(5) ニトロセルロースに樟(しょう)のうを混ぜるとセルロイドができる．

問6－11　**ニトロセルロースは湿潤剤で湿(しめ)らせて安全性を高めて貯蔵する．次のうち一般に使われている湿潤剤の組合せを選べ．**

A　メチルエチルケトン　B　ベンゼン　C　酢酸エチル
D　水　E　アルコール

(1) AB　(2) BC　(3) CD　(4) DE　(5) AE

問6－12　**蒸し暑い日に，火気のない室内に置いてあるニトロセルロースの入った容器から出火した．調査したところ，容器のふたが完全に閉まっていなかったことがわかった．この出火の原因と考えられる状況を選べ．**

(1) 空気が入り，空気中の酸素の作用で酸化され発熱した．
(2) 空気が入り，空気中の窒素の作用で硝化度が高くなって分解し，発熱した．
(3) 空気中の水分が混入したので，分解し発熱した．
(4) 空気を遮断するため封入していた窒素が空気中に放散してしまったため分解し，発熱した．
(5) 加湿用のアルコールが蒸発したため，分解し，発熱した．

問 6-9 解答 (4)

(1) 誤　り　有毒ガスを発生するため不適.

(2), (3), (5) 誤　り　効果がないか，または期待ができない.

(4) 正しい　大量の水による冷却が最も有効である．窒息消火は効果がない.

問 6-10 解答 (4)

(1), (2), (3), (5) 正しい　そのまま覚えるとよい.

(4) 誤　り　水に溶けない．注水消火は効果がある.

問 6-11 解答 (4)　DとEが正しい.

（参考）Aのメチルエチルケトンはエチルメチルケトンともいう．ニトロセルロースの湿潤剤は「アルコール」又は「水」である.

問 6-12 解答 (5)

(1), (2) 誤　り

(3) 誤　り　水分はニトロセルロースの湿潤剤である.

(4) 誤　り　そもそもニトロセルロースの保護に窒素は使わない.

(5) 正しい　ニトロセルロースは水やアルコールに浸して貯蔵する．保護液（水やアルコールなど）の蒸発に気をつけなければならない.

問6−13 セルロイドの貯蔵にあたり，自然発火を防止するための措置（そち）として最も適するものを選べ．

(1) 熱風により乾燥させた室内に貯蔵する．
(2) セルロイドを密封して冷暗所に貯蔵する．
(3) 通風がよく，温度の低い冷暗所に貯蔵する．
(4) 通風，換気のない密閉された冷暗所に貯蔵する．
(5) 温度および湿度を高くした室内に貯蔵する．

●問7● 第5類の個々の物質の性状等

ニトロ化合物（トリニトロトルエン，ピクリン酸）

問7−1 トリニトロトルエンの性状として，誤っているものを選べ．

(1) 常温（20℃）では固体である．
(2) 水に溶けない．
(3) TNT と略していわれることもある．
(4) 酸化されやすいものと共存すると，打撃などで爆発する危険がある．
(5) 金属と反応して金属塩をつくる．

問7−2 トリニトロトルエンの性状として，誤っているものを選べ．

(1) 水によく溶ける．
(2) 淡黄色の結晶であるが，日光に当たると茶褐色（ちゃかっしょく）に変わる．
(3) 固体よりも溶融したものの方が，衝撃に対して敏感である．
(4) 金属とは反応しない．
(5) ニトロ化合物である．

問 6-13 解答 (3)

(1) 誤　り　熱風や乾燥はいけない.

(2) 誤　り　冷暗所に置くのはよいが，セルロイドを密封してはいけない.

(3) 正しい

(4) 誤　り　通風，換気のないところ，密閉されたところに置くのはいけない.

(5) 誤　り　温度及び湿度を高くしてはいけない.

（その他の重要内容）

- **粗製品は精製品に比べ，自然発火する可能性が大きい.**
- **古い製品は分解しやすく，自然発火する可能性が大きい.**

問 7-1 解答 (5)　トリニトロトルエンの化学式は $C_6H_2(NO_2)_3CH_3$ である.

(1) 正しい　融点は 82 ℃であるため，常温では固体である.

(2) 正しい　（参考）水に溶けないが，アルコールやジエチルエーテルに溶ける.

(3) 正しい　トリニトロトルエンは頭文字をとって TNT ともいう.

(4) 正しい

(5) 誤　り　金属との反応性はない．よって金属と反応して金属塩を形成することはない.

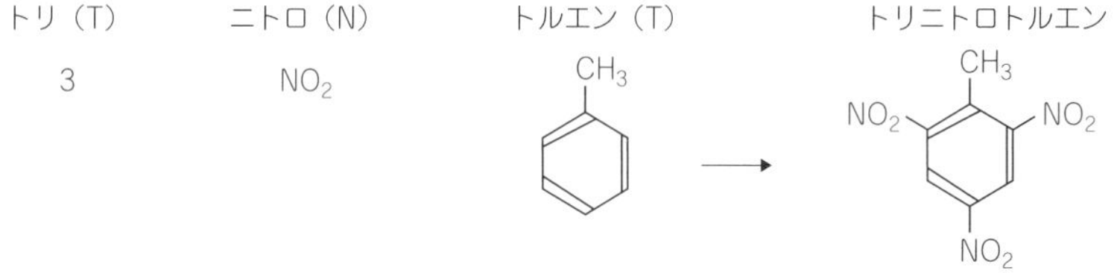

トリ（T）　ニトロ（N）　トルエン（T）　トリニトロトルエン

3　NO_2　CH_3 → CH_3, NO_2, NO_2, NO_2

問 7-2 解答 (1)　トリニトロトルエンの化学式は $C_6H_2(NO_2)_3CH_3$ である.

(1) 誤　り　水には溶けない.（参考）アルコール，ジエチルエーテルには溶ける.

(2) 正しい　普段は淡黄色（たんおうしょく）の結晶である.

(3), (4) 正しい　（参考）トリニトロトルエンの融点は 82 ℃である.

(5) 正しい　ニトロ基（$-NO_2$）をもっているニトロ化合物である.

(2)，(3), (4), (5)はそのまま覚えるとよい.

問7－3　**ピクリン酸の性状として，誤っているものを選べ.**

(1) 熱湯に溶ける.

(2) ニトロ基をもつ化合物で，酸素を含有している.

(3) 急激に熱したり，硫黄，ヨウ素などと混合すると爆発する危険性がある.

(4) 酸性のため，金属と反応して爆発性の金属塩をつくる.

(5) 乾燥状態では安定である.

問7－4　**ピクリン酸の性状として，誤っているものを選べ.**

(1) 乾燥させると危険性が増してくる.

(2) 無臭である.

(3) 金属とは反応しないが，酸化物との接触は危険である.

(4) 熱湯，アルコール，ジエチルエーテルなどに溶ける.

(5) 急激に熱すると爆発する.

問 7-3 解答 (5)　ピクリン酸の化学式は $C_6H_2(NO_2)_3OH$ である.

(1) 正しい　水には溶けないが，熱湯，アルコール，ジエチルエーテル，ベンゼンに溶ける.

(2) 正しい

(3) 正しい　（参考）硫黄は S，ヨウ素は I．硫黄は第 2 類の危険物である.

(4) 正しい

(5) 誤　り　乾燥状態では危険性は高くなる．そのため通常 10％の水を加え冷暗所に保存する.

(4)について

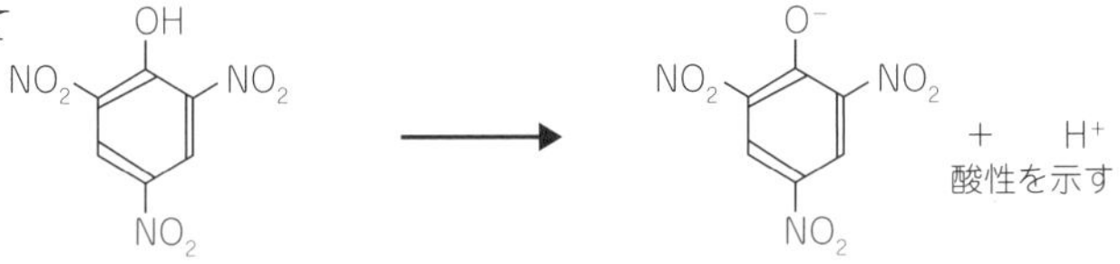

OH, NO_2, NO_2, NO_2 → O^-, NO_2, NO_2, NO_2 ＋ H^+

酸性を示す

ピクリン酸（トリニトロフェノール）は H^+（水素イオン）を発生するので酸性である.

問 7-4 解答 (3)　ピクリン酸の化学式は $C_6H_2(NO_2)_3OH$ である.

(1)，(2)，(4)，(5) 正しい

(3) 誤　り　金属と反応する．酸化物との接触は危険である．例えば銀（Ag）と反応すると下図のようになる.

OH, NO_2, NO_2, NO_2 → O−Ag, NO_2, NO_2, NO_2

銀との反応

問7−5　**トリニトロトルエンとピクリン酸とに共通する性状として，誤っているものを選べ.**

(1) ニトロ化合物で，火薬の原料として用いられる.

(2) 分子中に 3 つのニトロ基を有する.

(3) ジエチルエーテルに溶ける.

(4) 固体の有機化合物で，水より重い.

(5) ともに発火点は 100 ℃より低い.

問7−6　**トリニトロトルエンとピクリン酸の性状について，誤っているものを選べ.**

(1) 常温では，固体である.

(2) 急熱すると発火または爆発する.

(3) 打撃，衝撃を与えると爆発し，その爆発力は大きい.

(4) ピクリン酸は金属と作用して金属塩をつくるが，トリニトロトルエンはつくらない.

(5) ともに無色透明の結晶である.

● 問 8 ●　第 5 類の個々の物質の性状等

ジニトロソペンタメチレンテトラミン，アゾ化合物，ジアゾジニトロフェノール

問8−1　**ジニトロソペンタメチレンテトラミンの性状について，誤っているものを選べ.**

(1) メタノール，アセトンによく溶ける.

(2) 淡黄色の粉末である.

(3) 水または泡で消火する.

(4) 加熱すると窒素などを発生する.

(5) 急激に加熱すると，爆発的に分解する.

問 7-5 解答 (5)

(1) 正しい

(2) 正しい　ニトロ基（$-NO_2$）を 3 つもっている.

(3) 正しい　水には溶けないが，アルコール，ジエチルエーテル，ベンゼンに溶ける.

さらにピクリン酸に関しては熱湯にも溶ける.

(4) 正しい

(5) 誤　り　ともに発火点は 100 ℃より高い．下表参照のこと.

(4)，(5)の参考表

	トリニトロトルエン	ピクリン酸
発火点	230 ℃	320 ℃
比　重	1.6	1.8

問 7-6 解答 (5)

(1) 正しい　常温では固体である.

(2)，(3)，(4) 正しい

(5) 誤　り　ともに黄色の結晶である.

問 8-1 解答 (1)

「ジ　ニトロソ　ペンタメチレン　テトラミン」このように区切って読む.

ジニトロソペンタメチレンテトラミンの化学式は $C_5H_{10}N_6O_2$ であるが，あえて覚える必要はない.

(1) 誤　り　メタノール，アセトンにわずかに溶ける.

(2)，(3)，(4)，(5) 正しい

(4) については，加熱すると**窒素**などを発生することに注意すること！

(5) については，分解温度は 200 ℃である.

第1類 第2類 第3類 第5類 第6類

問8－2　**ジニトロソペンタメチレンテトラミンの性状について，誤っているものを選べ．**

(1) 天然ゴム，合成ゴムの起泡剤（きほうざい）として用いられる．
(2) 摩擦，衝撃などによって爆発することがある．
(3) 酸性溶液中では安定である．
(4) 加熱すると分解し窒素の他ホルムアルデヒド，アンモニアなども発生する．
(5) 水，ベンゼンにわずかに溶ける．

問8－3　**アゾ化合物の性状として，誤っているものを選べ．**

(1) アゾ基は強力な発色団であり，化合物は黄，オレンジ等の色である．
(2) 芳香族アゾ化合物は，すべて結晶体である．
(3) HN ＝ NH に，原子又は原子団が付加，置換した形をしている．
(4) 染料として使われ，冷水にもよく溶ける．
(5) ベンゼンアゾメタン，ベンゼンアゾエタンはアルキル基をもち，液体である．

問8－4　**次の第５類の危険物のうち，加熱すると有毒なシアンガスを発生するものを選べ．**

(1) ヒドロキシルアミン
(2) 硫酸ヒドラジン
(3) 過酢酸
(4) アゾビスイソブチロニトリル
(5) アジ化ナトリウム

問 8-2 解答 (3)

(1), (2) 正しい

(3) 誤 り 酸性溶液中では安定でない．強酸との接触，有機物との混在により発火する．

(4), (5) 正しい

問 8-3 解答 (4)

アゾ化合物とは R-N = N-R（R はアルキル基）で表せる化合物の総称である．

(1), (2), (3) 正しい

(4) 誤 り 染料として使われており，冷水には溶けにくい．

(5) 正しい アルキル基とはメチル基-CH_3 やエチル基-C_2H_5 などのことである．

問 8-4 解答 (4) シアンガスの化学式は C_2N_2 である．

(1) 誤 り （参考）ヒドロキシルアミンの化学式は NH_2OH である．

(2) 誤 り （参考）硫酸ヒドラジンの化学式は $NH_2NH_2 \cdot H_2SO_4$ である．

(3) 誤 り （参考）過酢酸の化学式は CH_3COOOH である．

(4) 正しい （参考）アゾビスイソブチロニトリルの化学式は $C_8H_{12}N_4$ である．

読み方は「アゾ ビス イソ ブチロ ニトリル」のように区切って読むとよい．加熱すると融点（105 ℃）以下でも，窒素（N_2）とシアンガス（C_2N_2）を発生する．化学式は覚える必要はない．

(5) 誤 り （参考）アジ化ナトリウムの化学式は NaN_3 である．

問8－5　**ジアゾジニトロフェノールの性状として，誤っているものを選べ．**

(1) 比重は１より大きい．
(2) 光により変色し，褐色になる．
(3) 黄色の粉末である．
(4) 衝撃，摩擦により，爆発する．
(5) 加熱すると，融解して安定化する．

問8－6　**ジアゾジニトロフェノールの性状として，正しいものを選べ．**

(1) 赤紫色の不定形粉末である．
(2) 穏やかに燃焼する．
(3) 窒素ガス中では，燃焼は起こらない．
(4) 水によく溶けるため，通常は水溶液として貯蔵する．
(5) アセトンに溶ける．

問8－7　**ジアゾジニトロフェノールの貯蔵・取扱いの方法として，誤っているものを選べ．**

(1) 水中や水とアルコールの混合液中に保存する．
(2) 日光の直射を避ける．
(3) 塊状のものは，麻袋に詰めて打撃により粉砕する．
(4) 粉じん爆発を防ぐために，粉末を飛散させないようにする．
(5) 一般に消火は困難である．

問 8-5 解答 (5)

［　ジアゾ　　ジ　　ニトロ　　フェノール　］　このように切って読む.

＝N_2　　2つ　　-NO_2

（ジアゾ基）　　（ニトロ基）

OH

NO_2　O　N_2

実際はこのような構造である.

NO_2

(1) 正しい　比重 1.63

(2) 正しい　日光に当たると褐色に変色する.

(3) 正しい　黄色の粉末（不定形粉末）である.

(4) 正しい

(5) 誤　り　加熱により，爆発する．発火点は 180 ℃である.

問 8-6 解答 (5)　問 8-5 の解説参照

(1) 誤　り　黄色の不定形粉末である.

(2) 誤　り　穏やかに燃焼しない．燃焼現象は爆ごうを起こしやすい.

(3) 誤　り　内部に酸素をもっているので，外部に酸素がなくても燃焼は起こる.

(4) 誤　り　水にほとんど溶けないので水溶液としては貯蔵できない．水中や水とアルコールの混合液中に保存する.

(5) 正しい　アセトンに溶ける.

問 8-7 解答 (3)

(1) 正しい　水にほとんど溶けないので，水中や水とアルコールの混合液中に保存する.

(2) 正しい

(3) 誤　り　塊状のものは，麻袋に詰めて打撃すれば爆発してしまう．そのようなことはしてはならない.

(4)，(5) 正しい

●問9● 第5類の個々の物質の性状等

硫酸ヒドラジン，硫酸ヒドロキシルアミン，ヒドロキシルアミン，アジ化ナトリウム，硝酸グアニジン

問9−1 **硫酸ヒドラジンの性状として，誤っているものを選べ.**

(1) ヒドラジンの誘導体である.
(2) アルカリと接触するとヒドラジンを遊離(ゆうり)する.
(3) 冷水には溶けないが，温水には溶けて，水溶液は酸性を示す.
(4) 無色透明の液体である.
(5) 融点以上に加熱すると分解して，アンモニアなどを生成する.

問9−2 **硫酸ヒドラジンの性状として，誤っているものを選べ.**

(1) アルコールには溶けない.
(2) 還元性が強い.
(3) 冷水には溶けないが，温水には溶けて，水溶液はアルカリ性を示す.
(4) アルカリと接触するとヒドラジン N_2H_4 が遊離する.
(5) 融点以上に加熱すると分解して，アンモニア，二酸化硫黄，硫化水素，硫黄を生成する.

問9−3 **硫酸ヒドロキシルアミンの貯蔵・取扱いの注意事項として，正しいものの組合せを選べ.**

A　取扱いは換気のよい場所で行う.
B　長期間保存する場合は，安定剤として酸化剤を使用する.
C　潮解性がある.
D　分解ガスが発生しやすいため，ガス抜き口を設けた容器に入れる.
E　火花，炎または高温体との接近を避ける.

(1) ABC　(2) ACE　(3) BCD　(4) BDE　(5) ADE

問9-1解答 (4)

ヒドラジンの化学式はN_2H_4，硫酸(りゅうさん)ヒドラジンの化学式は$NH_2NH_2 \cdot H_2SO_4$である．

(1)，(2)，(3) 正しい

(4) 誤り　白色の結晶である．

(5) 正しい　硫酸ヒドラジンの化学式からアンモニア（NH_3）の生成は推測できる．

問9-2解答 (3)　硫酸ヒドラジンの化学式は$NH_2NH_2 \cdot H_2SO_4$である．

(1) 正しい

(2) 正しい　還元性が強いということは，酸素を取り込みやすいということである．

(3) 誤り　冷水には溶けないが，温水には溶けて，水溶液は酸性を示す．

(4) 正しい　ヒドラジンの化学式はNH_2NH_2（まとめるとN_2H_4）である．

(5) 正しい　（参考）各化学式は次のとおりである．アンモニア（NH_3），二酸化硫黄（SO_2），硫化水素（H_2S），硫黄（S）である．硫酸ヒドラジンの化学式から推測できる．

問9-3解答 (2)　ACEの3つが正しい．

硫酸ヒドロキシルアミンの化学式は$H_2SO_4 \cdot (NH_2OH)_2$である．

A 正しい　粉じん爆発を防止するために，換気を行う．密閉された空間で粉じん濃度が高くなると点火源により爆発するのが粉じん爆発である．

B 誤り　安定剤として酸化剤は危険である．

C 正しい　ヒドロキシルアミン（NH_2OH）と性質がよく似ており，潮解性がある．

D 誤り　加熱分解すると二酸化硫黄SO_2と二酸化窒素NO_2を発生するが，容器は密閉して保管する．

E 正しい

問9－4　硫酸ヒドロキシルアミンの貯蔵・取扱いの注意事項として，誤っているものを選べ．

(1) ヒドロキシルアミンと硫酸との中和反応による化合物である．

(2) 温度の高い場所に貯蔵する．

(3) 乾燥した冷暗所に貯蔵する．

(4) 鉄製容器には貯蔵しない．

(5) クラフト紙袋に入った状態で流通することがある．

問9－5　硫酸ヒドロキシルアミンの貯蔵・取扱いの注意事項として，誤っているものの組合せを選べ．

A　アルカリ性物質が存在すると，爆発を起こす場合がある．

B　金属容器に貯蔵する．

C　消火活動の際は，保護具を使用する．

D　火災が発生した場合は，大量の水で消火する．

E　安定剤は酸化剤を使用する．

(1) AB　(2) AC　(3) BE　(4) CD　(5) DE

問9－6　ヒドロキシルアミンの貯蔵，取扱いについて，次のＡ～Ｅのうち適切であるものの組合せはどれか．

A　二酸化炭素と共存させない．

B　裸火，火花，高温面との接触を避ける．

C　安定させるため，水酸化ナトリウムを混入する．

D　設備，容器などを金属（鉄，銅）製のものにする．

E　乾燥した冷所に密閉して貯蔵する．

(1) ABC　(2) ABE　(3) ADE　(4) BCD　(5) CDE

問 9-4 解答 (2)

(1), (3), (5) 正しい

(2) 誤　り　乾燥した冷暗所に貯蔵する.

(4) 正しい　水溶液は強酸性で金属を腐食するので, 鉄製容器に貯蔵してはいけない.

問 9-5 解答 (3)　BE が誤り.

硫酸ヒドロキシルアミンの化学式は $H_2SO_4 \cdot (NH_2OH)_2$ である.

A 正しい

B 誤　り　硫酸ヒドロキシルアミンは金属を腐食するので, 金属容器には貯蔵できない.

C, D 正しい

E 誤　り　安定剤には酸化剤は使用できない. 危険である.

問 9-6 解答 (2)　ヒドロキシルアミンの化学式は NH_2OH である.

A 正しい　不安定な物質であり, 室温でも湿気や二酸化炭素が存在すると徐々に分解する.

B 正しい　火花, 高温体に触れると爆発的に燃焼する.

C 誤　り　水溶液はアルカリ性であるが, 強塩基に対しては酸として働き, 塩をつくる.

D 誤　り　鉄イオンなどの異物が混入したりしてしまうと, 自然分解が促進される.

E 正しい

（参考）ヒドロキシルアミンについて
2000年6月10日に群馬県のある化学工場で爆発・火災事故が起こった. 死者4名, 負傷者58名, 工場は跡形もなく吹き飛んだ. これをきっかけに, ヒドロキシルアミンとヒドロキシルアミン塩類は危険物に指定された. ヒドロキシルアミンについては, 近年よく出題されている.

問9−7 **アジ化ナトリウムの性状として，誤っているものを選べ.**

(1) 加熱すると分解して，金属ナトリウムと窒素を生じる.
(2) エタノールには溶けにくいが，水には溶ける.
(3) 無色の結晶であり，水より重い.
(4) 火災時には，注水による冷却消火がよい.
(5) アジ化ナトリウム自体は爆発性はないが，酸により有毒で爆発性のアジ化水素酸が発生する.

問9−8 **アジ化ナトリウムの貯蔵・取扱いのための施設として，誤っているものの組合せを選べ.**

A　酸などの薬品と共用する鋳鉄製保管庫を設置する.
B　屋根に日の差し込む天窓をつくる.
C　床は鉄筋コンクリートとし，地盤面よりも高くつくる.
D　換気設備を設置する.
E　危険物用の強化液を放射する第4種消火器を設置する.

(1) ABC　(2) ABE　(3) BCD　(4) CDE　(5) ADE

問9−9 **硝酸グアニジンの性状として，誤っているものを選べ.**

(1) 水やアルコールに溶ける.
(2) 黄色の結晶である.
(3) 融点は約215℃である.
(4) 注水による冷却消火が最もよい.
(5) 急激な加熱及び衝撃により，爆発する危険性がある.

問 9-7 解答 (4)　アジ化ナトリウムの化学式は NaN_3 である．

(1) 正しい　約 300 ℃で分解し，金属ナトリウムと窒素を生ずる．

NaN_3 → Na（金属ナトリウム） ＋ N_2（窒素）　（係数省略）

(2) 正しい

(3) 正しい　比重は 1.8 である．

(4) 誤　り　火災時には，金属火災用の粉末消火がよい．注水は厳禁である．

(5) 正しい　（参考）アジ化水素酸の化学式は HN_3 である．

問 9-8 解答 (2)　ABE が誤り．アジ化ナトリウムの化学式は NaN_3 である．

A 誤　り　酸と一緒に貯蔵してはいけない．

B 誤　り　直射日光は避けなければならない．

C，D 正しい

E 誤　り　金属火災用の粉末消火剤を放射する第 4 種消火器を設置する．強化液は水系であるのでアジ化ナトリウムには不適である．

問 9-9 解答 (2)

（参考）硝酸グアニジンの化学式は $CH_6N_4O_3$ である．化学式はあえて覚える必要はない．

(1) 正しい

(2) 誤　り　無色または白色の結晶である．

(3) 正しい　融点は約 215 ℃である．

(4) 正しい　硝酸グアニジンは第 5 類である．よって大量注水による消火が適切である．

(5) 正しい

（ポイント）　アジ化ナトリウム以外の第 5 類は，大量注水による消火が一番である．

第1類　第2類　第3類　第5類　第6類

第５類　◆補　足◆

ポイント１：この書籍の第５類によく登場する物質について（一覧）

	物質名	構造式	備考
1	ピクリン酸 （トリニトロフェノール）	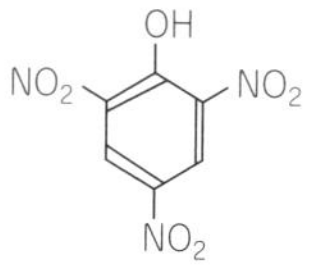 OH NO_2 NO_2 NO_2	第５類のニトロ化合物である.
2	トリニトロトルエン	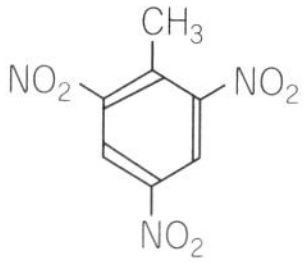 CH_3 NO_2 NO_2 NO_2	第５類のニトロ化合物である.
3	メチルエチルケトンパーオキサイド	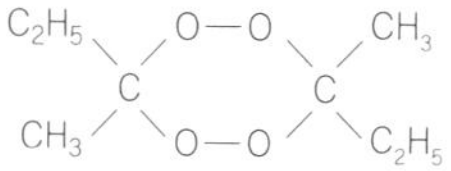 C_2H_5 O—O CH_3 C C CH_3 O—O C_2H_5	いろいろな構造のものがあり，その一例である.
4	ニトログリセリン	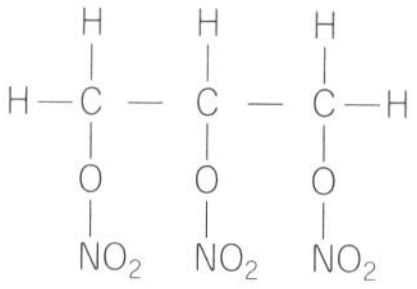 H H H H—C — C — C—H O O O NO_2 NO_2 NO_2	第５類の硝酸エステル類である.
5	ジニトロベンゼン	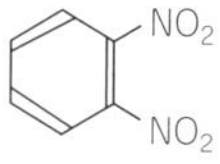 NO_2 NO_2	危険物に分類されていない.
6	ジニトロクロロベンゼン	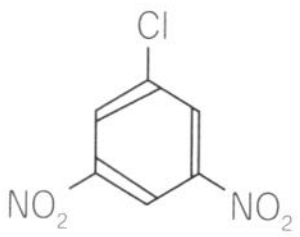 Cl NO_2 NO_2	危険物に分類されていない.
7	ニトロフェノール	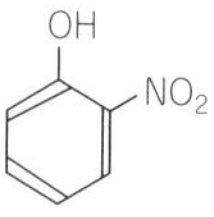 OH NO_2	危険物に分類されていない.
8	フェノール	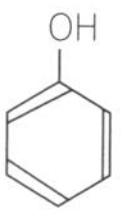 OH	ピクリン酸の基（もと）になるもの.

第６類

●問　1●　第１類～第６類までの一般的性状について
●問　2●　第６類の共通性状について
●問　3●　第６類の火災予防と貯蔵・取扱いについて
●問　4●　第６類の消火方法について
●問　5●　第６類の個々の物質の性状等：過塩素酸
●問　6●　第６類の個々の物質の性状等：過酸化水素
●問　7●　第６類の個々の物質の性状等：硝酸
●問　8●　第６類の個々の物質の性状等：ハロゲン間化合物

●問1● 第1類～第6類までの一般的性状について

問1－1 第1類から第6類の危険物の性状について，正しいものを選べ．

(1) 危険物には単体，化合物及び混合物の3種類がある．

(2) すべての危険物は燃焼する．

(3) すべての危険物は引火点を有する．

(4) すべての危険物は分子内に，炭素，酸素又は水素のいずれかを含有する．

(5) 1気圧において，常温（20℃）で引火するものはすべて危険物である．

問1－2 第1類から第6類の危険物の性状等について，誤っているものを選べ．

(1) 危険物は1気圧において，常温（20℃）で液体又は固体である．

(2) 不燃性の液体又は固体で，酸素を分離し他の燃焼を助けるものがある．

(3) 同一の物質でも，形状及び粒度により危険物になるものとならないものがある．

(4) 同一の類の危険物に対する適応消火器及び消火方法は同じである．

(5) 水と接触すると発熱し，可燃性ガスを発生するものがある．

問1－3 危険物の類ごとに共通する性状として，正しいものの組合せを選べ．

A 第1類……酸化性の固体で，分解して酸素を発生しやすい．

B 第2類……着火又は引火しやすい可燃性の固体である．

C 第3類……自然発火性の可燃性固体である．

D 第4類……引火性の液体である．

E 第5類……爆発又は分解しやすい液体である．

(1) ABD (2) ACE (3) ADE (4) BCD (5) BCE

問1-1解答 (1)

(1) 正しい　例として単体Na（ナトリウム），化合物C_2H_5OH（エチルアルコール），混合物（ガソリン）がある．

(2) 誤　り　危険物のなかには，燃焼しないものもある．第1類と第6類は不燃物であり，他の可燃物に酸素を供給する．

(3) 誤　り　引火点を有するものは第4類が主である．例えば第1類，第2類（引火性固体を除く）は引火点がない．

(4) 誤　り　すべての危険物は分子内に，炭素（C），酸素（O）または水素（H）のいずれかを含有するとは限らない．例えば第5類のアジ化ナトリウム（NaN_3），第6類のハロゲン間化合物の三フッ化臭素（BrF_3）はそれらを1つも含有していない．

(5) 誤　り　危険物は引火するものばかりではない．他を酸化するものもある．ただし第4類に関しては引火する液体で，引火点をもつ．

☆第1類の補足（98ページ）のポイント1を参照．

問1-2解答 (4)

(1) 正しい　そのとおり．

(2) 正しい　不燃性の液体は第6類，不燃性の固体は第1類で，酸素を分離し他の燃焼を助ける．

(3) 正しい　鉄についていえば，細かい粉にすれば第2類の危険物になるが，鉄板などの塊状（かいじょう）では，危険物にはならない．

(4) 誤　り　同一の類の危険物に対する適応消火器及び消火方法は異なる場合がある．

(5) 正しい　例として第3類のNa（ナトリウム）の場合，水と接触してH_2（水素）を発生する．

問1-3解答 (1)　ABDが正しい．「中野の固体・液体判別表」を書いて確認するとよい．**第1類の補足（98ページ）のポイント4を参照．**

A，B 正しい

C 誤　り　自然発火性又は禁水性の物質であり，固体又は液体である．

D 正しい　ガソリンに代表される第4類危険物は引火性の液体である．

E 誤　り　爆発又は分解しやすい固体又は液体である．

問1－4　**第 1 類から第 6 類の危険物の性状について，正しいものを選べ.**

(1) 液体の危険物は水より軽く，固体の危険物は水より重い.

(2) 危険物は常温（20 ℃）において気体，液体及び固体のものがある.

(3) 引火性液体の燃焼は蒸発燃焼であり，引火性固体の燃焼は分解燃焼である.

(4) 分子内に多くの酸素を含み，空気がなくても燃焼するものがある.

(5) 保護液として，水，二硫化炭素及びメチルアルコールを使用するものがある.

● 問 2 ●　第 6 類の共通性状について

問2－1　**危険物の第 6 類の共通性状として，誤っているものの組合せを選べ.**

A　どれも熱や火気により分解されるが，日光には安定である.

B　どれも不燃性の液体である.

C　どれも水と反応し酸素を生じる.

D　多くは腐食性があり，蒸気は有毒である.

E　酸化力が強く，可燃物や有機物と混ぜると着火することがある.

(1) AB　　(2) AC　　(3) BE　　(4) CD　　(5) DE

問2－2　**危険物の第 6 類に共通する性状として，誤っているものを選べ.**

(1) いずれも不燃性である.

(2) いずれも有機化合物である.

(3) 常温（20 ℃）では液体である.

(4) 水と激しく反応するものがある.

(5) 有機物と混ぜると，発火・爆発する危険がある.

問 1-4 解答 (4)

(1) 誤り　液体の危険物は水より軽く，固体の危険物は水より重いとは限らない．水より重い液体（グリセリン）や水より軽い固体（リチウム）もある．

(2) 誤り　危険物は常温（20 ℃）において液体及び固体のものがある．気体はない．

(3) 誤り　引火性液体の燃焼は蒸発燃焼であり，引火性固体の燃焼も蒸発燃焼である．引火性固体は第2類であり，固形アルコールなどである．

(4) 正しい　そのとおり．第5類の性状である．

(5) 誤り　水は第4類の二硫化炭素（CS_2）や第3類の黄リン（P）の保護液になるが，二硫化炭素（CS_2）やメチルアルコール（CH_3OH）は他の危険物の保護液にはならない．

問 2-1 解答 (2)　AC が誤り．

第6類といえば過塩素酸（かえんそさん）（$HClO_4$），過酸化水素（かさんかすいそ）（H_2O_2），硝酸（しょうさん）（HNO_3），ハロゲン間（かん）化合物（BrF_3 など）を思い出すとよい．

A 誤り　どれも火気や熱により分解され，日光には不安定である．

B，D，E 正しい　そのとおりである．

C 誤り　どれも水と反応し酸素を生じるとは限らない．過酸化水素，硝酸についていえば，水とは反応せず水溶液となる．ハロゲン間化合物の代表である BrF_3（三フッ化臭素（しゅうそ））の場合，HF（フッ化水素）を生ずる．

問 2-2 解答 (2)

(1) 正しい　そのとおりである．第6類はそれ自体不燃物である．

(2) 誤り　第6類はいずれも無機化合物である．

(3) 正しい　そのとおりである．

(4) 正しい　ハロゲン間化合物である．過塩素酸（$HClO_4$）は水と混ぜると発熱し，水溶液となる．

(5) 正しい　そのとおりである．第6類は酸化性液体である．

問2－3　**危険物の第６類の性状として，誤っているものを選べ．**

(1) 有機物などと接触すると，発火させる危険がある．

(2) 加熱すると，分解して酸素を生成するものがある．

(3) 硝酸の水溶液は金属酸化物，水酸化物に作用して硝酸塩を生成することがある．

(4) 過酸化水素は，日光，熱により分解する．

(5) 発煙硝酸は，濃硝酸に二酸化窒素を加圧飽和させたもので，硝酸より酸化力は劣る．

問2－4　**危険物の第６類の性状として，誤っているものを選べ．**

(1) ハロゲン間化合物には，水と激しく反応するものがある．

(2) 過塩素酸は強い酸化力をもち，空気中で強く発煙する．

(3) 腐食性があり，蒸気は有毒なものが多い．

(4) 強酸化剤であるが，高温になると還元剤として作用する．

(5) 常温（20 ℃）では液体だが，０℃では固化するものもある．

問2－5　**危険物の第６類の性状について，誤っているものを選べ．**

(1) 分子内に大量の水素を含むため，燃焼しやすい．

(2) 多くは無色の液体である．

(3) いずれも強い酸化性の液体である．

(4) 水と激しく反応するものがある．

(5) それ自体は不燃性である．

問 2-3 解答 (5)

(1) 正しい　そのとおりである．

(2) 正しい　過酸化水素 H_2O_2 が該当する．　$2H_2O_2 \rightarrow 2H_2O + O_2$

(3) 正しい　（参考）硝酸の化学式は HNO_3 である．

(4) 正しい　（参考）過酸化水素の化学式は H_2O_2 である．過酸化水素は，熱，日光により分解して酸素を発生する．　$2H_2O_2 \rightarrow 2H_2O + O_2$

(5) 誤　り　発煙硝酸 HNO_3 は，濃硝酸に二酸化窒素 NO_2 を加圧飽和させたもので，硝酸 HNO_3 より酸化力は強い．

問 2-4 解答 (4)

(1) 正しい　（参考）ハロゲン間(かん)化合物の代表的なものに BrF_3（三フッ化臭素(しゅうそ)）がある．水と激しく反応して HF（フッ化水素）を発生する．

(2) 正しい　（参考）過塩素酸の化学式は $HClO_4$ である．

(3) 正しい　そのとおりである．硝酸 HNO_3 の蒸気は特に有毒である．

(4) 誤　り　高温になってもやはり酸化剤である．

(5) 正しい　例えばハロゲン間化合物の BrF_3（三フッ化臭素）の融点は 9 ℃であり，0 ℃では固化する．

問 2-5 解答 (1)

(1) 誤　り　第6類の1つであるハロゲン間化合物は水素をもっていない．また第6類は，それ自体は燃焼しない．酸化力が強く，有機物と混ぜるとこれを酸化させ，場合により着火させることがある．

(2) 正しい　発煙硝酸に限り赤色又は赤褐色の液体であるが，その他のものは，無色の液体である．

(3) 正しい

(4) 正しい　ハロゲン間化合物は水と激しく反応する．

(5) 正しい　そのとおりである．

問2－6　**危険物の第６類を運搬するときの注意事項として，適切でないものを選べ．**

⑴ 第１類以外の危険物との混載を避ける．
⑵ 運搬容器の外部に緊急時の対応を円滑にするため「容器イエローカード」のラベルを貼る．
⑶ 日光の直射を避けるため，遮光性のある被覆で覆う．
⑷ 運搬容器は耐酸性のものを使用する．
⑸ プロパンガスの入った容器と一緒に積載した．

●問３●　第６類の火災予防と貯蔵・取扱いについて

問3－1　**危険物の第６類の火災予防，消火の方法として誤っているものを選べ．**

⑴ 有機物，可燃物とは離して取扱う．
⑵ 熱源や直射日光を避ける．
⑶ 火源があれば燃焼するので，取扱いには十分注意する．
⑷ 貯蔵容器は耐酸性のものを使用する．
⑸ 流出事故のときは，乾燥砂をかけるか，中和剤で中和する．

問3－2　**危険物の第６類に共通する火災予防上，最も注意すべきことを選べ．**

⑴ 空気との接触を避ける．
⑵ 水との接触を避ける．
⑶ 容器は密封する．
⑷ 湿度を低く保つ．
⑸ 可燃物との接触を避ける．

問2-6解答 (5)

(1) 正しい　第6類は第1類のみ混載は可能である．他の第2類から第5類との混載はできない．

(2) 正しい　「容器イエローカード」とは混載便や小容量の容器を輸送する場合，国連番号及び指針番号を追加表示したものである．

(3)，(4) 正しい．

(5) 誤　り　プロパンガスは可燃物であるので，漏れた場合危険な状態になる．

問3-1解答 (3)

(1) 正しい　第6類の危険物は，酸化性液体である．有機物，可燃物と離して取扱わなければならない．

(2)，(5) 正しい　そのまま記憶するとよい．

(3) 誤　り　第6類の危険物は，不燃性である．火源があっても第6類自体は燃焼しない．

(4) 正しい　第6類の危険物は，酸性のものが多い．よって容器は耐酸性のものを使用する．

過塩素酸　$HClO_4 \rightarrow H^+ + ClO_4^-$

硝酸　$HNO_3 \rightarrow H^+ + NO_3^-$　H^+(水素イオン)は酸性を示す．

問3-2解答 (5)

(1)の空気との接触は，特に注意すべきことではない．保存容器には空気が入る．空気に触れて発火するわけではない．

(2)，(3)，(4)は普通に注意すべきことである．

(5)が最も注意すべきことである．一般に第6類は酸素を相手に与える性質をもっているので，可燃物との接触は避けなければならない．ハロゲン間(かん)化合物については，相手を酸化する．

問3－3　**危険物の第６類に共通する火災予防上，最も注意すべきことを，次から選べ.**

⑴ 還元剤の混入を避ける.
⑵ 温度を一定に保つ.
⑶ 空気との接触を避ける.
⑷ 空気の乾燥に注意する.
⑸ 貯蔵容器は通気口を設ける.

問3－4　**危険物の第６類の火災予防の方法として，誤っているものの組合せを選べ.**

A　過酸化水素水は，濃度が高くなるほど安定であるので，できるだけ濃度を高くして貯蔵し，使用する際は水で希釈する.
B　過酸化水素を貯蔵するときは，容器は密栓せず通気のための穴のあいた栓をしておく.
C　過塩素酸は常温（20 ℃）では不安定な物質なので，加温して貯蔵する.
D　過塩素酸を貯蔵する場合は，定期的に検査し，変色などしているときは廃棄する.
E　硝酸を貯蔵するときは，腐食に対して比較的安定なステンレス鋼，アルミニウムなどの容器を用いる.

⑴ AB　⑵ AC　⑶ BE　⑷ CD　⑸ DE

問3－5　**危険物の第６類に共通する貯蔵・取扱い方法として，不適切なものを選べ.**

⑴ 取扱いは通風のよい場所で行う.
⑵ 貯蔵容器は耐酸性のものを使用する.
⑶ 貯蔵容器は，ガス抜き口栓のものを使用する.
⑷ 衣服への付着に注意して，適正な保護具をつけて取扱う.
⑸ 必要に応じて，ガスマスクを使用する.

問3-3解答 (1)

第6類といえば過塩素酸（かえんそさん）（$HClO_4$），過酸化水素（かさんかすいそ）（H_2O_2），硝酸（しょうさん）（HNO_3），ハロゲン間（かん）化合物（BrF_3など）を思い出すとよい．

(1) 正しい　第6類は酸化剤であるので，最も注意すべきことは，還元剤の混入を避けることである．還元剤とは酸素を受け入れやすいものなどである．

(2) 誤　り　温度は特に一定でなくてもよい．

(3) 誤　り　空気との接触を避けなければならないものは，第3類のうち自然発火性物質である．

(4) 誤　り　空気の乾燥は，特に注意すべきことがらではない．

(5) 誤　り　通気口を設けるという内容は，第6類危険物に共通する火災予防上注意すべきことがらではない．過酸化水素（H_2O_2）のみに関することがらである．

問3-4解答 (2)　ACが誤り．

A 誤　り　過酸化水素水は濃度が高くなるほど不安定であるので，できるだけ濃度を低くして貯蔵し，水で希釈して使用すること．

B 正しい　そのとおり．（参考）過酸化水素の化学式はH_2O_2である．

C 誤　り　過塩素酸は加熱すると爆発するので，加温して貯蔵してはならない．

D 正しい　そのとおり．（参考）過塩素酸の化学式は$HClO_4$である．

E 正しい　そのとおり．（参考）硝酸の化学式はHNO_3である．

問3-5解答 (3)

(1)，(2)，(4)，(5) 正しい

(3) 誤　り　貯蔵容器にガス抜き口栓のものを使用するのは，第6類では過酸化水素（H_2O_2）だけである．

●問４●　第６類の消火方法について

問4－1　**危険物の第６類すべてに有効な消火方法として，適切なものを選べ．**

(1) 強化液を放射する．
(2) 霧状注水する．
(3) 泡消火剤を放射する．
(4) 二酸化炭素消火剤を放射する．
(5) 乾燥砂で覆う．

問4－2　**危険物の第６類（ハロゲン間化合物を除く）にかかわる火災の一般的な消火方法について，正しいものを選べ．**

(1) 霧状注水は，いかなる場合でも避ける．
(2) おがくずを散布し，危険物を吸収させて消火する．
(3) 泡消火剤の放射は，いかなる場合でも避ける．
(4) 霧状の強化液消火剤を放射して消火する．
(5) ハロゲン化物消火剤を放射する．

問4－3　**危険物の第６類（ハロゲン間化合物を除く）に関係する火災の一般的な消火方法として，適切な組合せを選べ．**

A　霧状の水を放射する．
B　ハロゲン化物消火剤を放射する．
C　膨張真珠岩（パーライト）で覆う．
D　二酸化炭素消火剤を放射する．
E　霧状の強化液消火剤を放射する．

(1) ABD　(2) ACD　(3) ACE　(4) BCE　(5) BDE

問 4-1 解答 (5)

「第6類の危険物すべて」ということは，ハロゲン間化合物も含むことになる．ハロゲン間化合物は，水系の消火剤は不適であり，砂系の消火剤を使用する．

(1) 誤　り　強化液は水系なので不適．

(2) 誤　り　霧状注水は水系なので不適．

(3) 誤　り　泡消火剤は水系なので不適．

(4) 誤　り　二酸化炭素消火剤は効果がない．不適．

(5) 正しい　乾燥砂はまさに砂系であるので適する．

問 4-2 解答 (4)

「第6類の危険物（ハロゲン間化合物を除く）」ということは，過塩素酸（$HClO_4$），過酸化水素（H_2O_2），硝酸（HNO_3）の3物質を考えればよい．

(1) 誤　り　霧状注水は，最も有効である．避ける必要はない．使用すればよい．

(2) 誤　り　おがくずは可燃物である．発火する危険性がある．

(3) 誤　り　泡は水系なので有効である．避ける必要はない．使用すればよい．

(4) 正しい　霧状の強化液は水系なので有効である．

(5) 誤　り　ハロゲン化物消火剤は消火の際，有毒ガスを発生する．不適．

問 4-3 解答 (3)　ACEの3つが適切である．

A　霧状の水は水系であり，適する．

B　ハロゲン化物消火剤は有毒ガスを発生するので，不適切である．

C　膨張真珠岩（パーライト）は砂系であり，すべての類の危険物火災に適する．

D　二酸化炭素消火剤は効果がない．不適切である．

E　霧状の強化液消火剤は水系であり，適する．

問4−4 **危険物の第6類（ハロゲン間化合物を除く）の消火方法として，誤っているものを選べ．**

(1) 流出事故のときは，乾燥砂をかけるか中和剤で中和する．

(2) 危険物の可燃性蒸気が燃焼しているため，窒息消火が有効である．

(3) 状況により多量の水を使用するが，その際危険物が飛散しないように注意する．

(4) 災害現場の風上（かざかみ）に位置し，発生するガスを吸い込まないようにマスクを使用する．

(5) 皮膚を保護して消火する．

問4−5 **危険物の第6類の火災予防及び消火方法として，誤っているものを選べ．**

(1) 水や泡を用いた消火剤は，使用に適さないものもある．

(2) 直射日光や火気を避ける．

(3) 有機物，可燃物との接触を避ける．

(4) 貯蔵容器は耐酸性のものを使用する．

(5) 火源があると燃焼するため取扱いに注意する．

問 4-4 解答 (2)

(1) 正しい　火災になる前の流出事故の状態ではこのように対処する.

(2) 誤　り　第6類危険物は，可燃性蒸気を発生しない．また燃焼しない．第6類による火災は，ハロゲン間(かん)化合物による火災を除き，水が有効である．窒息消火は効果がない.

(3) 正しい　(参考) ハロゲン間化合物による火災では，原則水は不適であるが，多量の水であれば，使用できる(政令別表5より)．つまり第1種の消火栓設備のような多量の水で消火するのであれば，第6類すべてに適用可となる.

(4)，(5) 正しい

問 4-5 解答 (5)

(1) 正しい　水や泡を用いた消火剤の使用が適さないものとしては「ハロゲン間化合物」による火災がある.

(2)，(3)，(4) 正しい　そのまま覚えるとよい.

(5) 誤　り　第6類自身は火源があっても燃焼しない．「火源があると燃焼する」というのは誤りである.

●問５●　第６類の個々の物質の性状等　過塩素酸（$HClO_4$）

問5－1　過塩素酸の性状として，誤っているものを選べ．

(1) 無水物は鉄や銅を酸化して，酸化物を生成する．
(2) 黄褐色の流動しやすい液体である．
(3) 強い酸化力をもつ．
(4) 水と激しく作用して，発熱する．
(5) 加熱すると爆発する．

問5－2　過塩素酸の性状として，誤っているものを選べ．

(1) 水中に滴下すると音を発し，発熱する．
(2) 無色の発煙性の液体である．
(3) おがくず，木片などと接触すると自然発火することがある．
(4) 皮膚への腐食性は弱いが，分解して窒素酸化物の有毒ガスを発生する．
(5) 不安定な物質で，しだいに分解，黄変し爆発的に分解することがある．

問5－3　過塩素酸の性状として，誤っているものを選べ．

(1) 加熱すると有毒なガスが生じる．
(2) 無水過塩素酸は，常温で密封容器に入れ，冷暗所に保管しても爆発的に分解することがある．
(3) 濃硝酸，五酸化二リン等を脱水剤として用いる．
(4) アルコール等の可燃性有機物と混合すると，発火または爆発することがある．
(5) ぼろ布，木片等の可燃物と接触すると，自然発火することがある．

問5-1 解答 (2)　過塩素酸の化学式は $HClO_4$ である.

(1) 正しい　過塩素酸の無水物(むすいぶつ)とは,「無水過塩素酸(むすいかえんそさん)(Cl_2O_7)のことで, 2分子の過塩素酸から脱水剤で水 H_2O がとれたもの」である.

$HClO_4 + HClO_4 \rightarrow Cl_2O_7 + H_2O$

(2) 誤り　無色の流動しやすい液体である.

(3), (4), (5) 正しい　そのまま覚えるとよい.

問5-2 解答 (4)　過塩素酸の化学式は $HClO_4$ である.

(1), (2), (3) 正しい　そのまま覚えるとよい.

(4) 誤り　皮膚への腐食性は強い, 分解して有毒ガスである塩化水素 (HCl) を発生する. 反応式は次のとおり.　$HClO_4 \rightarrow HCl + 2O_2$

(5) 正しい　そのまま覚えるとよい.

問5-3 解答 (3)　過塩素酸の化学式は $HClO_4$ である.

(1) 正しい　生じる有毒なガスは塩化水素 HCl である.

$HClO_4 \rightarrow HCl + 2O_2$

(2) 正しい　(参考) 無水過塩素酸 Cl_2O_7 は2分子の過塩素酸が脱水縮合してできる. 脱水剤に五酸化二リンを使用する. 分解すると塩素と酸素になる.

$2Cl_2O_7 \rightarrow 2Cl_2 + 7O_2$

(3) 誤り　濃硝酸 (HNO_3) には, 脱水剤としての機能はない. 脱水作用があるのは, 五酸化二リンである.

(4), (5) 正しい　そのまま記憶するとよい.

問5－4　**過塩素酸の性状として，誤っているものを選べ.**

(1) 水と作用して発熱する.

(2) 赤褐色の発煙性液体である.

(3) 腐食性を有している.

(4) 銀，銅などのイオン化傾向の小さい金属も溶かす.

(5) 加熱すると分解し，酸素と有毒ガスを発生する.

問5－5　**過塩素酸と混合又（また）は接触しても，爆発又は発火する危険性のない物質を選べ.**

(1) 木片　(2) エチレン　(3) 二酸化炭素　(4) リン化水素　(5) 二硫化炭素

問5－6　**過塩素酸の貯蔵・取扱いの方法について，誤っているものを選べ.**

(1) エタノールや酢酸などの有機物と一緒に貯蔵しない.

(2) 貯蔵容器は密封し，冷暗所に貯蔵する.

(3) 皮膚を腐食するため，取扱いには注意する.

(4) 腐食性があるため，鋼製の容器に直接収納しない.

(5) 漏れたときは，ぼろ布やおがくずで吸収する.

問5－7　**過塩素酸にかかわる火災の消火方法として，適用できないものを選べ.**

(1) ハロゲン化物消火剤による消火

(2) 粉末消火剤（リン酸塩類を使用するもの）による消火

(3) 水噴霧（大量）による消火

(4) 棒状の水（大量）による消火

(5) 泡消火剤による消火

問 5-4 解答 (2)　過塩素酸は塩酸や硫酸並みの強い酸である.

(1), (3), (4) 正しい　そのまま覚えるとよい.

(2) 誤　り　無色の発煙性液体である.

(5) 正しい　加熱により発生する有毒ガスとは塩化水素 HCl である.

反応式　$HClO_4 \rightarrow HCl + 2O_2$

問 5-5 解答 (3)

二酸化炭素は不燃物であり，混合又は接触しても，爆発又は発火する危険性はない．過塩素酸の化学式は $HClO_4$ である．各物質の化学式と可燃，不燃の区別は次のとおりである．

(1) 木片　　可燃物　　(2) エチレン　C_2H_4　可燃物

(3) 二酸化炭素　CO_2　不燃物　　(4) リン化水素　PH_3　可燃物

(5) 二硫化炭素　CS_2　可燃物

問 5-6 解答 (5)　過塩素酸の化学式は $HClO_4$ である.

(1) 正しい　エタノールや酢酸などの有機物は可燃物である.

(2), (3), (4) 正しい　そのまま覚えるとよい.

(5) 誤　り　ぼろ布，おがくずなどの有機物に接触すると自然発火することがある.

問 5-7 解答 (1)

(1) 誤　り　ハロゲン化物消火剤は有毒ガスを発生するので不適である.

(2) 正しい　粉末消火剤（リン酸塩類）は適する.「危険物の規制に関する政令別表 5」にも明記されている. ㈳炭酸水素塩類は不適である.（消防法の法令集で確認することができる.）

(3) 正しい　水噴霧は水系なので適する.

(4) 正しい　棒状の水は水系なので適する.

(5) 正しい　泡消火剤は水系なので適する.

問5−8 **過塩素酸の流出事故時における処置として，適切でないものを選べ.**

(1) 過塩素酸を消石灰やチオ硫酸ナトリウムで中和し，大量の水で洗い流す.

(2) 過塩素酸は空気中で強く発煙するので，作業は風上で行い，保護具等を着用する.

(3) 土砂等で過塩素酸を覆い，流出面積の拡大を防ぐ.

(4) 過塩素酸は水と反応して激しく発熱するので，大量の水による洗浄は避ける.

(5) 過塩素酸と接触するおそれのある可燃物は除去する.

問5−9 **過塩素酸，過酸化水素及び硝酸に共通する性状として，誤っているものを選べ.**

(1) 腐食性がある.

(2) 可燃物と接触すると，発火することがある.

(3) いずれも無機化合物である.

(4) 加熱すると分解し，酸素を放出する.

(5) 常温（20℃）では強酸化剤であるが，加熱すると還元剤になる.

問5-8解答 (4) 過塩素酸の化学式は $HClO_4$ である.

(1) 正しい （参考まで）消石灰（しょうせっかい）は $Ca(OH)_2$，チオ硫酸ナトリウムは $Na_2S_2O_3$ である．チオ硫酸ナトリウムは水道水のカルキ抜き（塩素中和）に用いられる．ハイポと呼ばれる．

(2)，(3)，(5) 正しい

(4) 誤　り 過塩素酸は水と反応して激しく発熱するので，大量の水による洗浄を行ない，冷やして薄める.

問5-9解答 (5)

それぞれの化学式は過塩素酸 $HClO_4$，過酸化水素 H_2O_2，硝酸 HNO_3 である.

(1)，(2)，(3)，(4) 正しい

（参考：(4)の詳細）

過塩素酸　$HClO_4 \rightarrow HCl$（塩化水素）$+ 2O_2$（酸素）

過酸化水素　$2H_2O_2 \rightarrow 2H_2O + O_2$（酸素）

硝酸　$4HNO_3 \rightarrow 2H_2O + 4NO_2 + O_2$（酸素）
（NO_2：二酸化窒素）

(5) 誤　り 加熱してもやはり強酸化剤である.

●問 6● 第 6 類の個々の物質の性状等 過酸化水素（H_2O_2）

問6－1 **過酸化水素の性状として，誤っているものを選べ.**

(1) 水と任意の割合で溶けるが，ベンゼンやエーテルなどには溶けない.

(2) 純粋なものは無色の粘性のある液体である.

(3) 消毒用に市販されている水溶液(オキシドール)の濃度は，30～40%である.

(4) 分解すると水と酸素になり，発熱する.

(5) 酸化力が強く，高濃度のものは爆発する危険性がある.

問6－2 **過酸化水素の性状として，誤っているものを選べ.**

(1) 引火性がある.

(2) 極めて不安定であり，常温（20 ℃）でも水と酸素に分解する.

(3) リン酸，尿酸等を添加することにより分解が抑制される.

(4) 消毒剤や漂白剤として使用される.

(5) 高濃度のものは油状の液体である.

問6－3 **次の説明文の（　　）内に当てはまる語句の組合せで，正しいものを選べ.**

「過酸化水素は一般に，ほかの物質を酸化し，（ A ）となる．また，過マンガン酸カリウムのように酸化力の強い物質には（ B ）として働き，（ C ）となる．水に溶けやすく水溶液は（ D ）を示す.」

	A	B	C	D
(1)	水素	酸化剤	酸素	強酸性
(2)	水	還元剤	酸素	弱酸性
(3)	水	還元剤	水素	中性
(4)	水素	還元剤	酸素	強アルカリ性
(5)	水	酸化剤	水素	弱アルカリ性

問6-1解答 (3)　過酸化水素の化学式はH_2O_2である.

(1), (2)　正しい

(3) 誤　り　傷口等の消毒用に市販されている水溶液の濃度は, 約3%である.

(4) 正しい　$2H_2O_2 \rightarrow 2H_2O + O_2 + 201.6$ [kJ] ……発熱反応

(5) 正しい

☆第6類といえば ($HClO_4$), 過酸化水素 (H_2O_2), 硝酸 (HNO_3), ハロゲン間化合物 (BrF_3など) を思い出すとよい.

問6-2解答 (1)　過酸化水素の化学式はH_2O_2である.

(1) 誤　り　引火性はない.

(2), (3), (4), (5) 正しい　そのまま覚えるとよい.

(参考：(3)について)

リン酸の化学式　H_3PO_4

尿酸の化学式　$C_5H_4N_4O_3$　尿酸は痛風の原因物質である.
(化学式は覚える必要はない)

問6-3解答 (2)　そのまま暗記するとよい.

問6−4　**過酸化水素の貯蔵・取扱いについて，誤っているものを選べ.**

(1) 安定剤として，アルカリを加え分解を抑制する.

(2) 取扱う際には，鉄粉や銅粉と接触しないようにする.

(3) 直射日光を避けて貯蔵する.

(4) 流出事故の際は，多量の水で洗い流す.

(5) 有機物などとの接触を避ける.

問6−5　**過酸化水素の貯蔵・取扱いの方法について，誤っているものを選べ.**

(1) 通風のよい冷暗所に貯蔵する.

(2) 可燃物や有機物から離して，貯蔵する.

(3) 鉄や銅などから離して，貯蔵し，または取扱う.

(4) リン酸と接触すると分解が促進されるので，リン酸と離して，貯蔵する.

(5) 容器を密栓すると発生したガスにより破壊されるため，通気孔のある容器に入れる.

問6−6　**過酸化水素の貯蔵の際の安定剤として使用できるものを選べ.**

(1) アクリル酸　(2) 鉄粉　(3) ピリジン

(4) 二酸化マンガン粉末　(5) 尿酸

●問7●　第6類の個々の物質の性状等　硝酸（HNO_3）

問7−1　**硝酸（しょうさん）の性状として，誤っているものを選べ.**

(1) 有機物と接触すると，発火することがある.

(2) 日光により，二酸化窒素を生じる.

(3) すべての金属と反応して水素を発生する.

(4) 水と任意の割合で溶ける.

(5) 二硫化炭素，アミン類，ヒドラジン類と混合すると発火または爆発することがある.

問6-4解答 (1)　過酸化水素の化学式は H_2O_2 である．

(1) 誤　り　安定剤にはリン酸，尿酸(にょうさん)，アセトアニリド等が用いられ，アルカリは使用しない．

(2) 正しい　鉄や銅と接触すると，それが触媒の役目をし，過酸化水素が分解し，酸素を発生してしまう．

(3) 正しい　直射日光が当たると，分解反応が起こってしまう．

(4) 正しい　多量の水で薄めてしまうことは有効である．

(5) 正しい　有機物などと接触すると，発火することがある．

問6-5解答 (4)　過酸化水素の化学式は H_2O_2 である．

(1)，(2) 正しい

(3) 正しい　もし鉄（普通鋼）や銅と接触すると，それが触媒の役目をして，H_2O_2 が分解し，O_2 を発生してしまう．

(4) 誤　り　リン酸と接触しても分解は促進されない．リン酸（H_3PO_4）は過酸化水素の安定剤である．

(5) 正しい　発生するガスは酸素（O_2）である．

問6-6解答 (5)

リン酸（H_3PO_4），尿酸，アセトアニリドの3つが過酸化水素の安定剤であるから，(5)が答えである．なお，(1)のアクリル酸，(3)のピリジンは第4類の危険物である．また，(4)の二酸化マンガン粉末（MnO_2）は過酸化水素の触媒であり，接すると過酸化水素は爆発的に分解し，酸素を発生する．

問7-1解答 (3)　硝酸の化学式は HNO_3 である．

(1)，(2) 正しい　（参考）二酸化窒素の化学式は NO_2 である．

(3) 誤　り　すべての金属と反応するわけではなく，金（Au），白金（Pt）とは反応しない．また発生するガスは酸素である．

(4)，(5) 正しい　（参考）二硫化炭素は可燃物，アミン類，ヒドラジン類はともに有機物である．

問7－2　硝酸の性状として，誤っているものを選べ．

(1) 市販の硝酸は，比重 1.38 以上である．

(2) 硝酸は，不揮発性の黄褐色の液体である．

(3) 発煙硝酸は，濃硝酸に二酸化窒素を加圧飽和してつくられる．

(4) 発煙硝酸や硝酸は，アルミニウム板をおかさないが，希硝酸はおかす．

(5) 硝酸を加熱すると，分解して酸素と二酸化窒素を生ずる．

問7－3　硝酸の性状として，誤っているものを選べ．

(1) 水溶液は強酸性である．

(2) 純粋な硝酸は無色の液体であるが，光や熱の作用で分解して二酸化窒素を生じるため黄褐色に着色していることがある．

(3) 水素よりイオン化傾向の小さい銅や銀とは反応しない．

(4) 鉄やアルミニウムは，濃硝酸には不動態となりおかされない．

(5) ステンレス鋼は発煙硝酸，硝酸，希硝酸いずれにも使用できる．

問7－4　硝酸の性状として，誤っているものを選べ．

(1) 98％以上の硝酸は発煙硝酸という．

(2) 腐食作用があるので人体には有毒である．

(3) 金属粉などとは接触させない．

(4) 熱濃硝酸はリンを酸化させ，リン酸を生成する．

(5) 湿った空気中で黒色に発煙する．

問 7-2 解答 (2) 硝酸の化学式は HNO_3 である.

(1), (3) 正しい

(2) 誤　り　硝酸は，不揮発性の無色の液体である.

(4) 正しい　発煙硝酸や硝酸に対してアルミニウム，鉄，ニッケルは不動態(ふどうたい)をつくるため，おかされない．しかし希硝酸はこれらに対して不動態をつくらないため，腐食する.

(5) 正しい　酸素の化学式は O_2 である．二酸化窒素の化学式は NO_2 である.

反応式　$4HNO_3 \rightarrow 2H_2O + O_2 + 4NO_2$

（参考）……アルミニウムと希硝酸との反応

希硝酸は酸としての働きと，酸化剤としての働きをもっているので，次のような反応が同時に起こっている.

（酸として）$2Al + 6HNO_3 \rightarrow 2Al(NO_3)_3 + 3H_2$　水素が発生

（酸化剤として）

$Al + 4HNO_3 \rightarrow Al(NO_3)_3 + 2H_2O + NO$　一酸化窒素が発生

ポイント

・濃硝酸(のうしょうさん)……市販品には濃度60%と70%のものがあるが，危険物の確認試験では，濃度90%の水溶液を標準物質としている．水に NO_2 を溶かし続けて濃度を上げてつくる.

・希硝酸(きしょうさん)……実験室で用いる希硝酸は濃度32%，またはそれ以下のものが多い．濃硝酸を水で薄めてつくることができる.

・発煙硝酸(はつえんしょうさん)…一般に濃度約98%以上の硝酸．濃硝酸に NO_2 を加圧飽和してつくられる.

☆単に硝酸といえば，濃硝酸のことをいう場合が多いが，希硝酸を含めて表現される場合もある.

問 7-3 解答 (3) 硝酸の化学式は HNO_3 である.

(1), (2), (4), (5) 正しい　((2)の参考）二酸化窒素の化学式は NO_2 である.

(3) 誤　り　水素よりイオン化傾向の小さい銅や銀とも反応する．銅や銀とは不動態膜をつくらない.

問 7-4 解答 (5) 硝酸の化学式は HNO_3 である.

(1), (2) 正しい

(3) 正しい　金属粉（鉄粉，アルミニウム粉，亜鉛粉など）は第2類の危険物である.

(4) 正しい　熱濃硝酸(ねつのうしょうさん)とは濃硝酸を加熱したものである.

反応式　$3HNO_3 + P \rightarrow H_3PO_4 + 2NO_2 + NO$

硝酸　リン　リン酸　二酸化窒素　一酸化窒素

(5) 誤　り　硝酸は無色だが発煙性で，湿った空気中で褐色(かっしょく)に発煙する.

第1類 第2類 第3類 第5類 第6類

問7－5　硝酸の性状として，正しいものを選べ．

(1) 水と反応して，安定した化合物をつくる．
(2) 不安定で，爆発性が高い揮発性の液体である．
(3) 酸素を自ら含んでおり，ほかから酸素供給をされなくても，自己燃焼する．
(4) 酸化力が強く，銅，銀などイオン化傾向の小さい金属とも反応する．
(5) 赤褐色の液体で，日光又(また)は加熱によって分解して，酸素と二酸化窒素を発生する．

問7－6　硝酸の性状として，誤っているものを選べ．

(1) 硝酸１に対し，３の割合で濃塩酸を混合したものは，王水と呼ばれ，金を溶解することができる．
(2) 高温の濃硝酸から発生した蒸気を，発煙硝酸という．
(3) 皮膚などのタンパク質に触れた場合，黄色に変色する．これをキサントプロテイン反応という．
(4) 鉄，アルミニウムなどの金属は，希硫酸には激しくおかされる．
(5) 鉄，アルミニウムなどの金属は，濃硝酸には不動態をつくり，おかされない．

問7－7　硝酸の貯蔵・取扱いについて，誤っているものを選べ．

(1) 日光の直射を避ける．
(2) 分解を促(うなが)す物質との接近を避ける．
(3) 還元性のある物質との接触を避ける．
(4) 毒性が強い物質なので，蒸気を吸わないようにする．
(5) 水と接触すると可燃性ガスを発生するので注意する．

問7－8　硝酸と接触して，発火又は爆発する危険性がある物質として，誤っているものを選べ．

(1) 木くず
(2) 無水酢酸
(3) エタノール
(4) 濃アンモニア水
(5) 塩酸

問 7-5 解答 (4)　硝酸の化学式は HNO_3 である.

(1) 誤　り　水とは，任意の割合で混ざる．水とは反応しない.

(2) 誤　り　不安定でもなく，爆発性もない，揮発性もない液体である.

(3) 誤　り　「酸素を自ら含んでいるため，ほかからの酸素供給がなくても，自己燃焼する」のは第5類の危険物である.

(4) 正しい　銅，銀とは不動態膜はつくらないので反応する.

(5) 誤　り　無色の液体である．日光または加熱によって分解して，水，二酸化窒素，酸素になる.　$4HNO_3 \rightarrow 2H_2O + 4NO_2 + O_2$

問 7-6 解答 (2)　硝酸の化学式は HNO_3 である.

(1) 正しい　王水(おうすい)は硝酸1に対し塩酸3の割合で配合したものである．「お酒1升(しょう)（硝）3円（塩）」と記憶するとよい.

(2) 誤　り　高温の濃硝酸から発生した蒸気は，やはり硝酸蒸気である．発煙硝酸とは濃硝酸よりさらに濃いものである．濃度は約98%以上.

(3) 正しい　キサントプロテイン反応とはタンパク質の検出方法の1つで，硝酸を加えて熱すると黄変する反応である.

(4)，(5) 正しい　鉄，アルミニウムは希硝酸にはおかされるが，濃硝酸には不動態をつくりおかされない.

問 7-7 解答 (5)　硝酸の化学式は HNO_3 である.

(1)，(2)，(3)，(4) 正しい

(5) 誤　り　水と接触しても可燃性ガスは発生しない，ただ薄くなるだけである.

問 7-8 解答 (5)　第6類危険物は有機物や可燃物との接触は危険である.

(1) 正しい　木くずは可燃物である.

(2) 正しい　無水酢酸は有機物である．無水酢酸とは，酢酸2分子から水1分子が取れたもので液体である．水を加えて刺激すると酢酸に戻る.

（参考：化学式）　酢酸　CH_3COOH　　無水酢酸　$(CH_3CO)_2O$

(3) 正しい　エタノールは有機物である.

(4) 正しい　濃アンモニア水は有機物である.

(5) 誤　り　硝酸は塩酸と接触しても発火・爆発の危険性はない．硝酸1に対し塩酸3の割合で配合したものは「王水(おうすい)」と呼ばれ，金をも溶かす.

問7－9　硝酸の貯蔵・取扱いについて，誤っているものを選べ．

(1) 希釈する場合は，水に硝酸を滴下(てきか)する．

(2) 日光の直射を避け，冷暗所で貯蔵する．

(3) 可燃物との接触を避ける．

(4) 硝酸により液体の可燃物が燃えている場合，水で消火する．

(5) 鉄，ニッケル，アルミニウム等は濃硝酸に対し不動態となるため，それらの材質の貯蔵容器は使用できる．

問7－10　濃硝酸と接触しても爆発又は発火の危険性のないものの組合せを選べ．

A　酸素　　B　麻袋　　C　二硫化炭素　　D　二酸化炭素　　E　アミン類

(1) AB　(2) AD　(3) BC　(4) CE　(5) DE

問7－11　硝酸の流出事故における処理方法として，適切でないものを選べ．

(1) ぼろ布で吸い取る．

(2) 強化液を放射して水で流す．

(3) 炭酸ナトリウム（ソーダ灰(はい)）や消石灰(しょうせっかい)などで中和して，水で流す．

(4) 乾燥砂で覆い，吸い取る．

(5) 直接水で希釈して流す．

問7－12　発煙硝酸(はつえんしょうさん)の性状として，誤っているものを選べ．

(1) 濃硝酸を加熱濃縮してつくられる．

(2) 赤色または赤褐色の透明な液体である．

(3) 湿気の少ない，換気のよい場所に貯蔵する．

(4) 強い酸化剤であり，有機物と接触すると発火することがある．

(5) 空気中で窒息性の二酸化窒素の褐色蒸気を発生する．

問 7-9 解答 (4)　硝酸の化学式は HNO_3 である.

(1), (2), (3), (5) 正しい

(4) 誤　り　水とは限らない. 燃焼物に対応した消火手段をとる.

問 7-10 解答 (2)　A と D が爆発, 発火の危険性がない. 硝酸の化学式は HNO_3 である.

A　酸素（O_2）………………　支燃物

B　麻袋………………………　可燃物

C　二硫化炭素（CS_2）……　可燃物

D　二酸化炭素（CO_2）……　不燃物

E　アミン類…………………　有機物

問 7-11 解答 (1)

硝酸の化学式は HNO_3 である.「硝酸の流出事故」とは, まだ火災になっていない状況である.

(1) 誤　り　ぼろ布で吸い取る作業では, 可燃物であるぼろ布と反応して, 発火する危険性がある.

(2), (3), (4), (5) 正しい

((3)の参考) ソーダ灰とは炭酸ナトリウム Na_2CO_3 のことで, 全く水を含まない状態のものをいう. 炭酸水素ナトリウム（$NaHCO_3$）を熱するとできる. またアルカリ性の白い粉末であり, Na などの金属火災用の消火剤でもある. 消石灰とは水酸化カルシウム [$Ca(OH)_2$] のことで, 強アルカリである.

問 7-12 解答 (1)

発煙硝酸の化学式は HNO_3 である. 発煙硝酸とは濃度約 98%以上の硝酸をいう.

(1) 誤　り　発煙硝酸とは, 濃硝酸にさらに二酸化窒素 NO_2 を加圧飽和（加圧して多量に溶解させる）して生成したものである.

(2), (3), (4), (5) 正しい　(5)で発生する褐色蒸気は, 二酸化窒素（NO_2）である.

問7−13　発煙硝酸の性状として，誤っているものを選べ．

(1) 酸化力は硝酸よりも強い．
(2) 加熱すると，二酸化窒素と水素が発生する．
(3) 常温（20℃）で空気と接触すると，褐色蒸気を発生する．
(4) 濃度が98％以上のものが発煙硝酸といわれる．
(5) 可燃物との接触を避ける．

●問8●　第6類の個々の物質の性状等　ハロゲン間化合物

問8−1　ハロゲン間（かん）化合物の性状として，誤っているものを選べ．

(1) 多くの金属や非金属を酸化させ，ハロゲン化物をつくる．
(2) 一般にハロゲン単体と似た性質である．
(3) 加熱すると，水素が発生する．
(4) フッ素原子を多く含むほど，反応性が高くなる．
(5) 揮発性をもつ．

問8−2　ハロゲン間化合物の一般的性状について，正しいものを選べ．

(1) 加熱すると，酸素が発生する．
(2) 2種のハロゲンの電気陰性度の差が大きいものほど安定になる傾向がある．
(3) 常温（20℃）では固体である．
(4) 水系の消火剤が，消火には適している．
(5) 金属や非金属と反応して，ハロゲン化物を生じる．

問 7-13 解答 (2)

発煙硝酸の化学式は HNO_3 である．発煙硝酸とは濃度約 98%以上の硝酸をいう．

(1) 正しい

(2) 誤　り　加熱すると，二酸化窒素と酸素が発生する．水素ではない．

$$4HNO_3 \rightarrow 2H_2O + 4NO_2 + O_2$$

(3)，(4)，(5) 正しい

問 8-1 解答 (3)

ハロゲン間（かん）化合物とはハロゲン元素だけで構成される化合物で三フッ化臭素（BrF_3），五フッ化臭素（BrF_5），塩化臭素（BrCl），五フッ化ヨウ素（IF_5）などである．（F：フッ素　Cl：塩素　I：ヨウ素　Br：臭素などがハロゲン元素である．）

(1)，(2)，(4)，(5) 正しい

(3) 誤　り　一般に加熱するとその蒸気が発生し，水素は発生しない．そもそも構成は2種類のハロゲンである．

問 8-2 解答 (5)

(1) 誤　り　例として三フッ化臭素（BrF_3）は化学式からわかるように，酸素（O）は含まれていないので加熱して酸素を発生することはない．

(2) 誤　り　電気陰性度（でんきいんせいど）とは電子を引きつける強さのことで，この差が大きいほどイオン性が増し，結合力が弱くなり，不安定になる傾向がある．

(3) 誤　り　常温では液体である．

(4) 誤　り　消火には乾燥砂又は粉末消火が適している．フッ素を含むハロゲン間化合物を考えると，水系消火剤は水と反応して発熱と分解を起こし，猛毒で腐食性のフッ化水素（HF）が生ずるため適さない．

(5) 正しい

第1類 第2類 第3類 第5類 第6類

問8－3 **ハロゲン間化合物の性状として，誤っているものを選べ．**

(1) フッ素原子を多く含むほど反応性に富み，ほとんどの金属，非金属と反応してフッ化物をつくる．

(2) 強力な酸化剤である．

(3) 水と激しく反応し発熱と分解を起こす．

(4) 水系の消火剤は避け，乾燥砂または粉末の消火剤で消火する．

(5) 可燃物と接触させても加熱，衝撃をあたえなければ安定している．

問8－4 **三フッ化臭素（しゅうそ）の性状として，誤っているものを選べ．**

(1) 融点は9℃である．

(2) 常温（20℃）では液体であるが，0℃では固体である．

(3) 空気中で発煙する．

(4) 引火性があるが，その反応性は低い．

(5) 水と激しく反応し，フッ化水素を生ずる．

問8－5 **三フッ化臭素の貯蔵・取扱いについて，誤っているものを選べ．**

(1) 水とは接触させない．

(2) 日光の直射を避け，冷暗所に貯蔵する．

(3) 貯蔵容器はガラス製のものを使用し，密栓する．

(4) 可燃物との接触を避ける．

(5) 低温で固化し，無水フッ化水素酸などの溶媒に常温で溶ける．

問8－6 **五フッ化臭素の性状として，誤っているものを選べ．**

(1) ほとんどすべての元素，化合物と反応する．

(2) 水と反応し，フッ化水素を生ずる．

(3) 気化しやすく，常温（20℃）で発火する．

(4) 三フッ化臭素より反応性に富む．

(5) 常温（20℃）では，無色の液体である．

問8-3解答 (5)

(1), (2), (3), (4) 正しい

(5) 誤　り　可燃物と接触させると反応し，発熱し，自然発火することがある．つまり，不安定になる．

問8-4解答 (4)　三フッ化臭素の化学式は BrF_3 である．

(1), (2) 正しい　三フッ化臭素の融点は9℃であるので常温20℃では液体，0℃では固体である．

(3) 正しい

(4) 誤　り　引火性はない．反応性は高い．

(5) 正しい　水と激しく反応し，フッ化水素，その他物質を生ずる．

（参考）　$BrF_3 + H_2O \rightarrow HF + HBrO_3 + HBrO$　（係数省略）

HF：フッ化水素，$HBrO_3$：臭素酸，HBrO：次亜臭素酸（じあしゅうそさん）

問8-5解答 (3)　三フッ化臭素の化学式は BrF_3 である．

(1) 正しい　水に接触すると激しく反応し，猛毒で腐食性のあるフッ化水素（HF）を発生するので，水とは接触させてはいけない．

(2), (4) 正しい

(3) 誤　り　ガラスを溶かしてしまうので，ガラス製の容器は使用できない．

(5) 正しい　（参考）「無水（むすい）フッ化水素酸」とはフッ化水素（HF）の液化ガスのことである．

問8-6解答 (3)　五フッ化臭素の化学式は BrF_5 である．

(1), (4) 正しい

(2) 正しい　水と反応して三フッ化一酸化臭素とフッ化水素を生ずる．

（参考）　$BrF_5 + H_2O \rightarrow BrOF_3 + 2HF$

$BrOF_3$：三フッ化一酸化臭素，HF：フッ化水素

(3) 誤　り　気化しやすいが，常温（20℃）で発火しない．そもそも第6類危険物は不燃性である．

(5) 正しい　五フッ化臭素の融点は－60℃であるので20℃では液体である．色は無色である．

問8－7　**五フッ化臭素の性状として，正しいものを選べ.**

(1) 暗赤色の発煙性液体である.
(2) 水と反応して，有毒ガス（フッ化水素）を発生させる.
(3) 水より軽い.
(4) 自然発火しやすい.
(5) 還元性がある.

問8－8　**五フッ化臭素の貯蔵・取扱いについて誤っているものを選べ.**

(1) 冷暗所で貯蔵する.
(2) 容器は金属容器を避け，ガラス容器を使用する.
(3) 容器は密栓する.
(4) 発生した蒸気を吸引しないようにする.
(5) 粉末の消火剤または乾燥砂で消火する.

問8－9　**五フッ化ヨウ素の性状として，誤っているものを選べ.**

(1) 強酸で腐食性が強いため，ガラス容器が適している.
(2) 反応性に富み，金属，非金属と容易に反応してフッ化物を生じる.
(3) 常温（20 ℃）において，液体である.
(4) 水と激しく反応して，フッ化水素とヨウ素酸になる.
(5) 赤リン，硫黄とは光を放って反応する.

問 8-7 解答 (2)　五フッ化臭素の化学式は BrF_5 である.

(1) 誤　り　無色の発煙性液体である.

(2) 正しい　有毒ガスである HF（フッ化水素）を発生する.

$$BrF_5 + H_2O \rightarrow BrOF_3 + 2HF$$

(3) 誤　り　比重は 2.46 で水より重い.

(4) 誤　り　自然発火しない. 第6類の危険物は不燃性である.

(5) 誤　り　還元性はない. 第6類は「酸化性液体」と定義されているように, 酸化性である.

問 8-8 解答 (2)　五フッ化臭素の化学式は BrF_5 である.

(1), (4) 正しい

(2) 誤　り　ガラス容器は溶かされてしまうので使用できない.

(3) 正しい　五フッ化臭素は揮発しやすい.

(5) 正しい　水系は適さないため, 粉末の消火剤または乾燥砂で消火する.

問 8-9 解答 (1)　五フッ化ヨウ素の化学式は IF_5 である.

(1) 誤　り　五フッ化ヨウ素は酸ではない. また, ガラスを溶かしてしまうのでガラス容器は適さない.

(2), (3) 正しい　融点は三フッ化臭素とほぼ同じ約 9 ℃（9.4 ℃）であるので, 20 ℃では液体である. 約 9 ℃以上で固体から液体になる.

(4) 正しい　水との反応は次のとおりである.

$$IF_5 + 3H_2O \rightarrow \underset{\text{ヨウ素酸}}{HIO_3} + \underset{\text{フッ化水素}}{5HF}$$

(5) 正しい　赤リン, 硫黄は第2類の危険物（可燃性固体）である.

問8−10 **ハロゲン間化合物の火災に最も適切な消火方法を選べ.**

(1) 強化液消火剤を放射する.

(2) 霧状の水を放射する.

(3) 膨張ひる石で覆う.

(4) 二酸化炭素消火剤を放射する.

(5) 泡消火剤を放射する.

問8−11 **ハロゲン間化合物にかかわる火災の消火方法として，最も適切なものを選べ.**

(1) 泡消火剤を放射する.

(2) 乾燥砂で覆う.

(3) 棒状の水を放射する.

(4) 霧状の水を放射する.

(5) ハロゲン化物消火剤を放射する.

問 8-10 解答 (3)

ハロゲン間化合物とはハロゲン元素だけで構成される化合物をいう.

(F:フッ素　Cl:塩素　I:よう素　Br:臭素などがハロゲン元素である.)

ハロゲン間化合物は,一般に水と反応して,フッ化水素(HF)や塩素(Cl_2)などを発生する.代表例として三フッ化臭素(BrF_3)は水と反応し,猛毒なフッ化水素(HF)を発生する.

(1),(2),(5) 誤　り　水系の消火剤であるので,不適である.

(3) 正しい　ハロゲン間化合物の消火は乾燥砂(膨張ひる石など)または粉末消火が適している.

(4) 誤　り　二酸化炭素消火剤は効果がない.

問 8-11 解答 (2)

(1) 誤　り　泡消火剤は水系なので不適である.

(2) 正しい　乾燥砂はまさに砂系なので適する.

(3) 誤　り　棒状の水は水系なので不適である.

(4) 誤　り　霧状の水は水系なので不適である.

(5) 誤　り　ハロゲン化物は有毒ガスを発生するので不適である.

危険物の各類の温度等暗記法（By 中野裕史）

※４類は除く

受験の際，受験する類の性質・消火等がしっかり覚えることができている場合，余裕があれば，その類について眺めておくとよいでしょう．

問題によく温度に関する数値が登場します．すべての数値を記憶するのは，非常に大変であります．そこで比較的出題されやすい物質の数値について，ゴロで思い出せるようにと考えました．参考にしてもらえれば幸いです．また自分で自分に合ったものをつくってみるのもよいと思います．

■第１類

◎ 塩素酸塩類（塩素酸カリウム，塩素酸ナトリウム，塩素酸アンモニウム）の分解温度

よ　さ　こ　い　音頭

よ → 400℃　さ → 300℃　い → 100℃

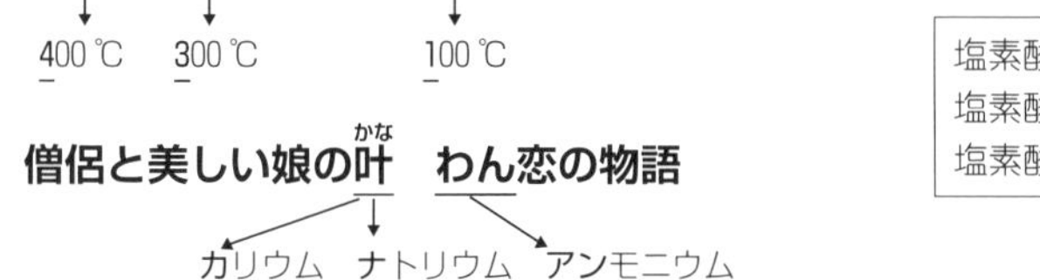

塩素酸カリウム	：400℃
塩素酸ナトリウム	：300℃
塩素酸アンモニウム	：100℃

よさこい音頭…「土佐の高知の～ぼんさんカンザシ買うを見た」
修行中のお寺の僧侶が，プレゼント用に「かんざし」を買っていた．駆け落ちしたが，結局一緒にはなれなかった．悲しい物語である．
※過塩素酸塩類も同様の温度傾向である．

◎ 過酸化ナトリウムの融点と分解温度

カ　ナ　ちゃん　白（しろ）　で　ロ・ローン

カ → 過酸化　ナ → ナトリウム　白 → 460℃　ロ・ローン → 660℃

融点　：460℃
分解温度：660℃
融けて液体になってから分解する．

マージャン女流プロのカナちゃん，白が出てロン！まさかの大三元か！焦って言葉を噛みました．（マージャンをやる人ならよくわかります．）

◎ 過酸化カルシウムの分解温度

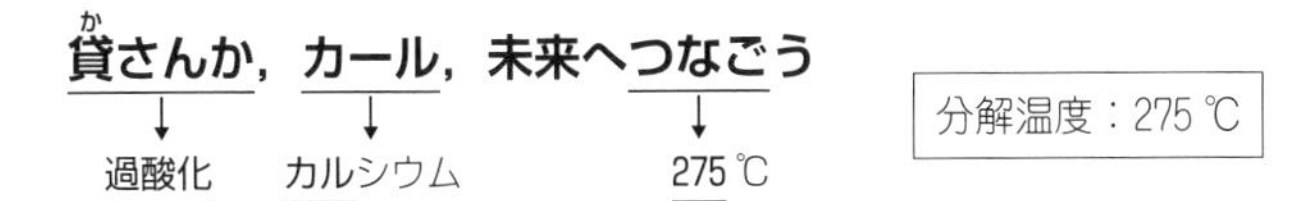

分解温度：275 ℃

日本初をうたったスナック菓子「カール」は 2017 年に地域限定販売となった．いつか再び全国販売されることを期待したゴロです．

◎ 臭素酸カリウムの分解温度

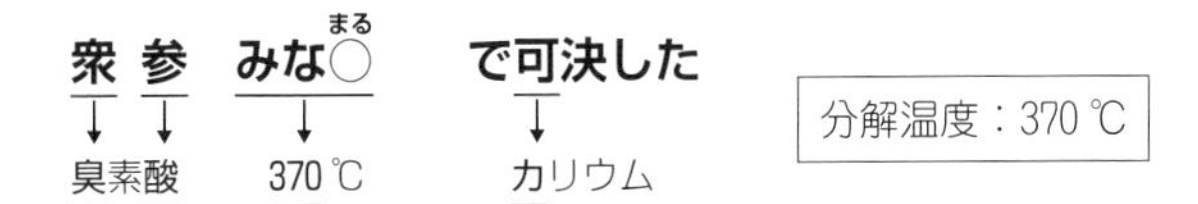

分解温度：370 ℃

国会の様子．衆議院と参議院が分裂せずに済んだ．（分裂：分解温度）

◎ 硝酸アンモニウムの分解温度

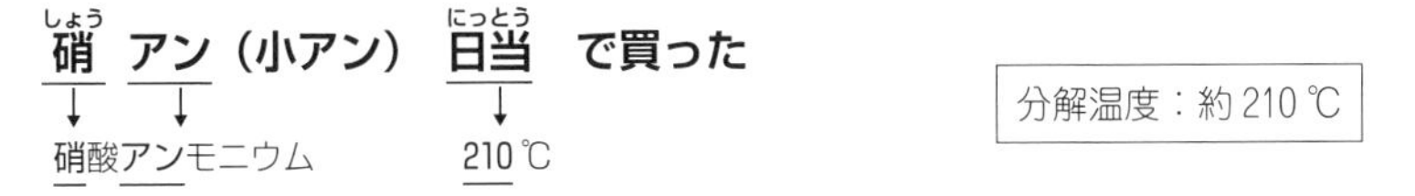

分解温度：約 210 ℃

硝アン（小アン）を日雇いアルバイトの日当で買い，食べて消化・分解した．ドラヤキのことか．甘くておいしかった．

◎ ヨウ素酸カリウムの融点

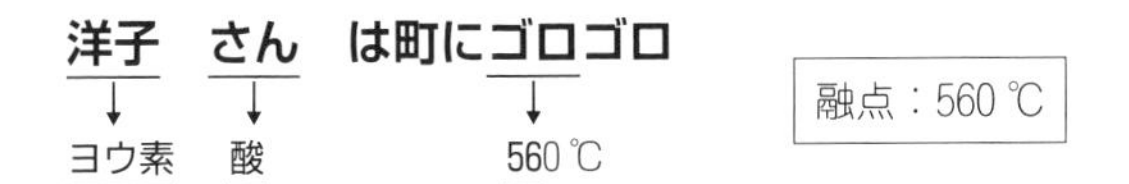

融点：560 ℃

昔は，洋子さんという名前の女性は町にゴロゴロいたなぁ～．

◎ 過マンガン酸カリウムの分解温度

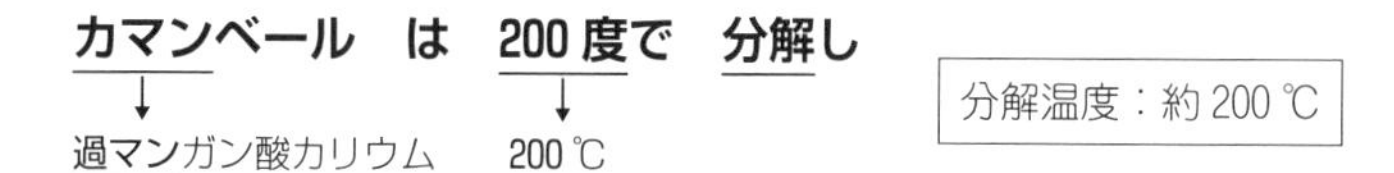

カマンベールチーズは，加熱すると200℃で分解する．→ほんとかな？（空想です．）

◎ 重クロム酸アンモニウムの融点および分解温度

あまりに黒アンのまんじゅうがおいしくて1箱買いました．

◎ 重クロム酸カリウムの分解温度

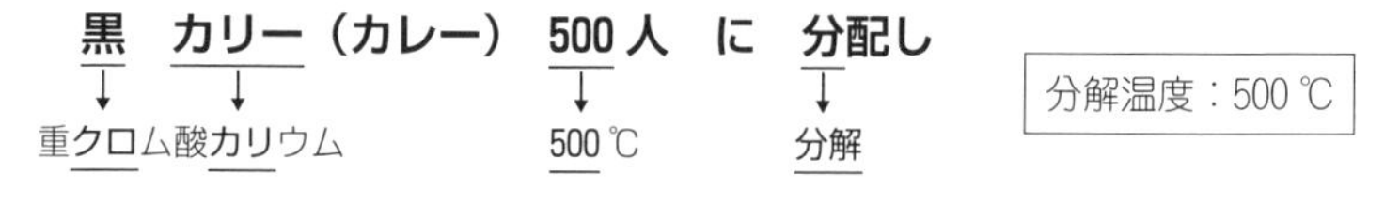

大規模なお祭りで，黒いカレー（黒カリー）が500人に分配された．

◎ ペルオキソ二硫酸カリウムの分解温度

ワールドカップサッカーの南米ペルー戦では，90分では決着がつかず，延長戦の100分の勝負となるだろう．→ほんとかな？（空想です．）

■第２類

◎ 三硫化リン，五硫化リンの発火点と七硫化リンの融点

（発火点）
三硫化リン：100℃
五硫化リン
：約300℃
（287℃）
（融点）
七硫化リン：310℃

野球選手の居残り練習で，３流選手は100球，５流選手は300球，７流選手は戦力外通告でサイなら（契約が解ける→融ける：融点）

◎ 赤リンの発火点と昇華温度

発火点　：260℃
昇華温度　：400℃

赤ヘル（広島か！）の二郎選手は400勝まで目前！今日の試合で達成するか？

◎ 硫黄（いおう）の融点

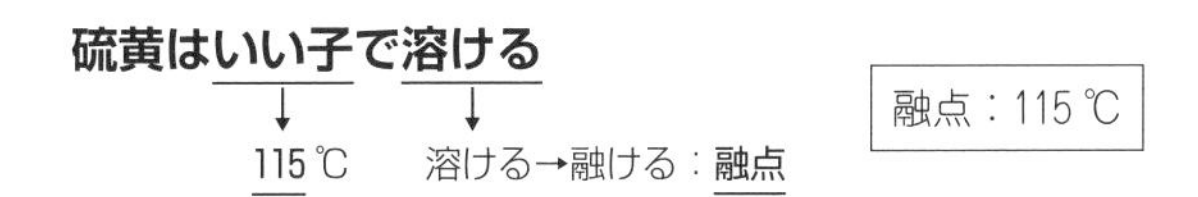

融点：115℃

硫黄さんはいい子で，友達の輪にすぐに溶け込む.

◎ 金属粉の融点について

［亜鉛粉（420℃），アルミニウム粉（660℃），鉄粉（1 535℃）］
金属粉の融点の大小が問われることがある．**鉄粉の融点が一番高い**.
沸点も同じ傾向である．温度もついでに覚えておこう.

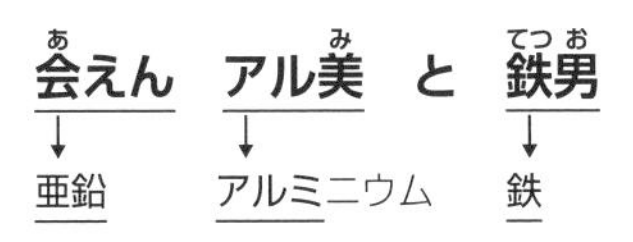

アル美（み）（女）と鉄男（てつお）　は再会を約束していたが，会えなかった．運命のいたずらか.

危険物の各類の温度等暗記法

失恋（しつれん）　**ムム，終**（お）**わったか**　**以後見**（いごみ）**たことがない**

↓ 420 ℃　↓ 660 ℃　↓ 1 535 ℃

失恋して二人の恋は終わったようだ．以後（いご），２人でいるのを見たことがない．

◎ ラッカーパテの引火点と発火点

引火点：10 ℃
発火点：480 ℃

幼少期から広い視野をもっているラッカー君は，前途有望である．

■第 3 類

◎ カリウムとナトリウムの融点

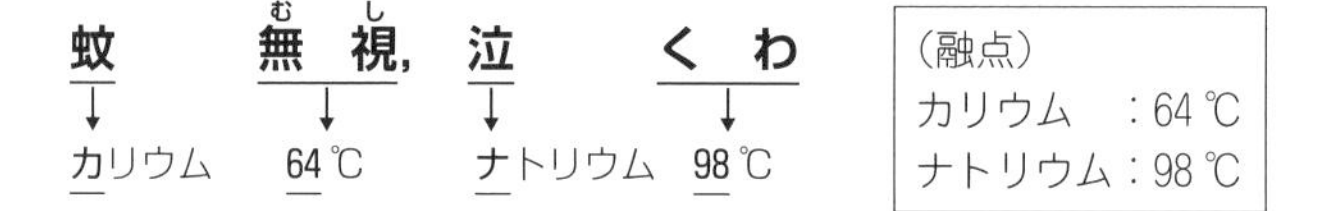

（融点）
カリウム　：64 ℃
ナトリウム：98 ℃

蚊を無視していたら，赤ちゃんが刺されて泣きました．

◎ リチウムの融点

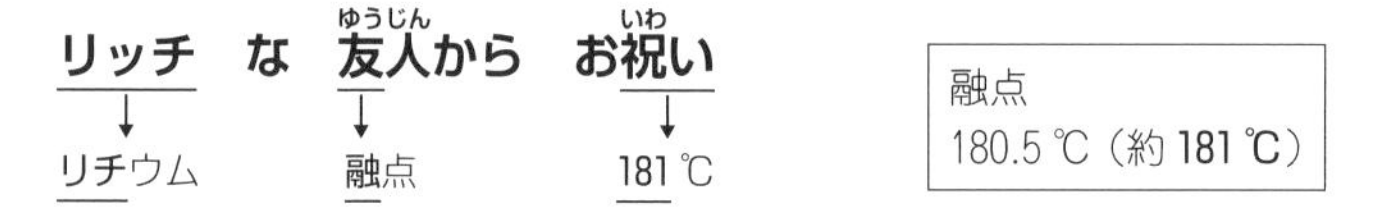

融点
180.5 ℃（約 181 ℃）

リッチ（金持ち）な友人がお祝い（ご祝儀（しゅうぎ））をたくさんくれた．

◎ アルキルアルミニウムの分解温度（分解点）

アルキルアルミニウム
（**トリエチルアルミニウム**など）
分解温度（分解点）：約 **200 ℃**

「あるある大辞典」という番組は，かつて 200 回以上放映された．

◎ 黄リンの発火点と融点

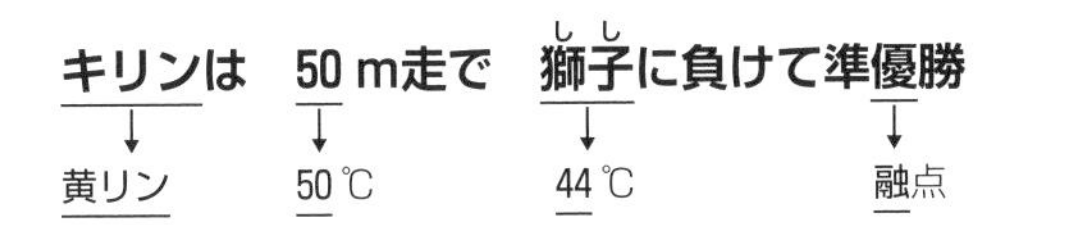

発火点：50 ℃
融点　：44 ℃

キリンは 50 m 走競技で獅子（ライオン）に負け，準優勝となりました．

◎ リン化カルシウムの融点

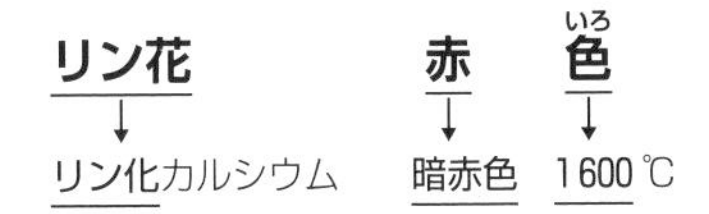

リン化カルシウムは暗赤色で，
融点は 1600 ℃である．

リンという花は見たことがない．きっと赤い花に違いない．→ほんとかな？（空想です．）

◎ 炭化カルシウムの融点

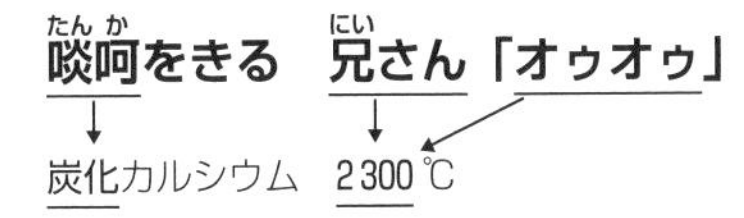

融点：2300 ℃

落語に出てくる江戸っ子の兄さんは，「オゥオゥ」と威勢よく啖呵をきる．

◎ トリクロロシランの引火点

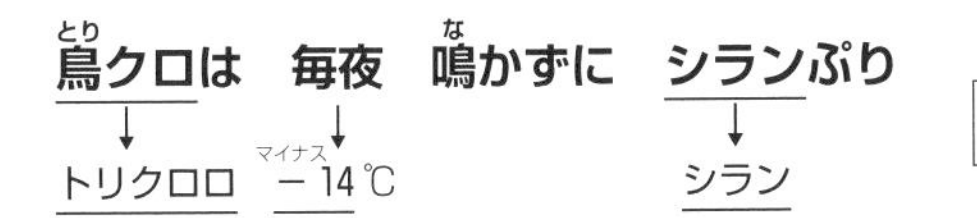

引火点：− 14 ℃

鳥クロ→黒い鳥といえばカラス．カラスが毎夜鳴かずにシランぷりでいいんですか？
…いいんです！　毎夜鳴かれてはうるさくて困ります．

第５類

◎ 過酸化ベンゾイルの分解温度と発火点

分解温度：100 ℃
発火点　：125 ℃

人生，壁に当たり止まることもあるだろう．いつかは！しかしそれを乗り越えてこそ人生である．※「いつか」の「か」は読み流す．……5とする．

◎ エチルメチルケトンパーオキサイドの引火点

引火点：72 ℃

（著者の考え）エチケットとは，他人に迷惑をかけない最低限のマナーだと思います．

◎ 過酢酸(かさくさん)の引火点と発火点（爆発温度）

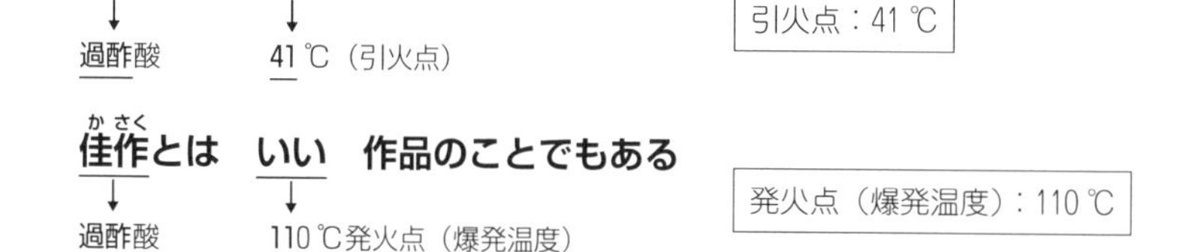

引火点：41 ℃

発火点（爆発温度）：110 ℃

審査員の評価：「この赤富士の絵は非常によい作品だ！佳作と認定する．またいい作品でもある．」

◎ 硝酸メチルの引火点，硝酸エチルの引火点と沸点

●硝酸メチル
　引火点：15 ℃
●硝酸エチル
　引火点：10 ℃
　沸　点：87.2 ℃

硝酸メチルや硝酸エチルは，食品の香料や香水に使われている．
（参考）コンビニのイチゴオーレのパックには香料使用と書かれている．

◎ トリニトロトルエンの発火点と融点，ピクリン酸の発火点

●トリニトロトルエン
発火点：230℃
融　点：82℃
●ピクリン酸
発火点：320℃

トリ人間コンテストの常連のお兄さんが春に，ピクニックに出かけた．日差しが強かった（サニー）．

◎ ニトログリセリンの凍結温度（凝固点）と融点

凝固点：8℃
融　点：13℃

ハイミーは「味の素」が、昔から発売している高級な調味料である．
ニトログリセリンには毒性がありハイミー（調味料）にはなれない．

※ニトログリセリンは寒くなると8℃で固体になる（凝固点）．また暖かくなると13℃で液体になる（融点）．第5類を代表する危険物であるので覚えておこう！なお，水の凝固点と融点はともに0℃で一致しているが，一般に物質の凝固点と融点は異なる．

◎ ニトログリセリンやニトロセルロースからできる製品について（まとめ）
意外とよく出題される！

ダイナマイト ＝ ニトログリセリン ＋ ニトロセルロース ＋ けいそう土
セルロイド ＝ ニトロセルロース ＋ 樟（しょう）のう
コロジオン ＝ ニトロセルロース ＋ アルコール ＋ ジエチルエーテル
1 ： 2

☆これで覚えられない場合は，ゴロ投入！……これをヒントに思い出そう．

「ダニに毛（け），背（せ）にしょう（背負（せお）う），子（こ）にアジ」

ダニに毛を抜かれながら，背中にこどもを背負った（しょった）お父さん．その子の手にはアジが．夕食はきっとアジに違いない！

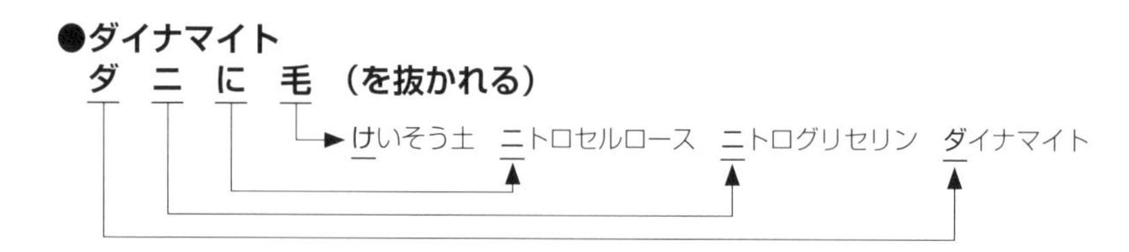

●セルロイド
背 に しょう（背負う）（こどもを背負（せお）うお父さん）
樟（しょう）のう ニトロセルロース セルロイド

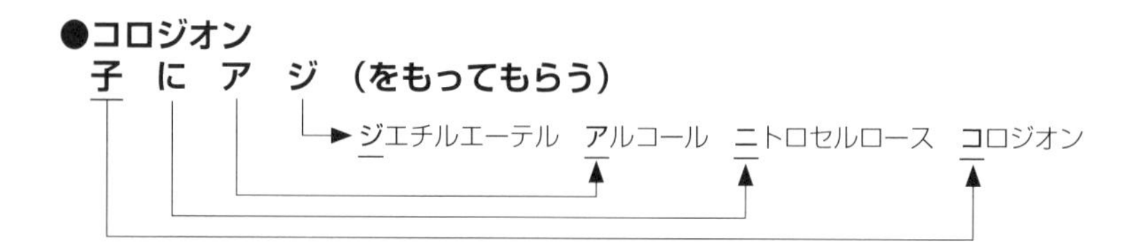

◎ ジニトロソペンタメチレンテトラミンの分解温度

痔（じ）には中トロが効く．1 貫（かん）200 円．これは安い．→ほんとかな？（空想です．）

◎ アジ化ナトリウムの融点と硝酸グアニジンの融点

味　は　3重丸，コショウ　追加

↓ アジ化ナトリウム　↓ 300 ℃　↓ 硝酸グアニジン　↓ 215 ℃

●アジ化ナトリウム
融点（分解温度）：300 ℃
●硝酸グアニジン
融点：215 ℃

このラーメンの味はとても旨くて3重丸だが，コショウの追加でさらにうまくなる．
※「追加」の加の5は勢いで読んでください．

◎ 第5類危険物の色

第5類で黄色のものは，ニトロ化合物と「ジ」が最初につくものである．

他はすべて白色または無色
・ニトロ化合物…………………ピクリン酸とトリニトロトルエン
・「ジ」が最初につくもの ……ジニトロソペンタメチレンテトラミンと
ジアゾジニトロフェノール
この4品目が黄色である

■第6類

◎ 三フッ化臭素の融点と五フッ化臭素の融点

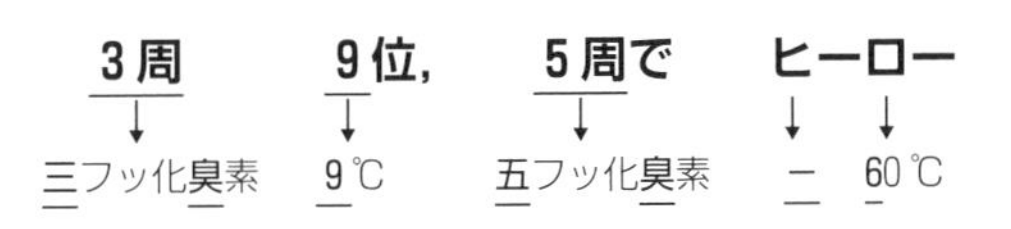

●三フッ化臭素
融点：9 ℃
●五フッ化臭素
融点：－ 60 ℃

トラック競技の長距離走で，3周目までは9位であった．しかし，5周目にはトップでゴールし，一躍（いちやく）ヒーロー．そのときひと言「余裕だぜ！」（裕→融点）

☆第6類のハロゲン間化合物について，「常温（20 ℃）では液体であるが，さて0 ℃では固体か液体か」を問われることがある．上記例より三フッ化臭素は固体で，五フッ化臭素は液体であることがわかる．

―― 著　者　略　歴 ――

中野　裕史（なかの　ひろし）
三重大学工学部電気工学科卒業
日曹油化工業㈱〔現：丸善石油化学㈱〕入社　工務課長，環境保安課長
学校法人電波学園名古屋工学院専門学校教諭
学校法人電波学園東海工業専門学校教諭
資格■電気通信主任技術者（伝送交換），一般計量士，環境計量士（濃度・騒音・振動），第２種電気主任技術者，エネルギー管理士（電気・熱），高圧ガス取扱責任者（甲種機械），１級ボイラー技士，第２種冷凍機械責任者，１級電気工事施工管理技士，第１種電気工事士，建築物環境衛生管理技術者（ビル管理士），給水装置工事主任技術者，消防設備士（甲種第４類），危険物取扱者（甲種，乙種1, 2, 3, 4, 5, 6類），工事担任者，その他多数．
著書■よくわかる２級ボイラー技士重要事項と問題　㈱電気書院発行
　ひと目でわかる危険物乙４問題集　㈱電気書院発行
　消防設備士第４類甲種・乙種問題集　㈱電気書院発行
　受かる乙種第1･2･3･5･6類危険物取扱者合格問題集　㈱電気書院発行
監修■受かる乙４危険物取扱者　㈱電気書院発行
　受かる甲種危険物取扱者試験　㈱電気書院発行

受かる乙種第1･2･3･5･6類危険物取扱者合格問題集

2021年 7月 5日　第1版第1刷発行
2023年 6月 1日　第1版第2刷発行

著　者　中（なか）野（の）裕（ひろ）史（し）
発行者　田　中　聡

発　行　所
株式会社　電　気　書　院
ホームページ　www.denkishoin.co.jp
（振替口座　00190-5-18837）
〒101-0051　東京都千代田区神田神保町1-3ミヤタビル2F
電話(03)5259-9160／FAX(03)5259-9162

印刷　創栄図書印刷株式会社
Printed in Japan／ISBN978-4-485-21044-4

[本書の正誤に関するお問い合せ方法は，最終ページをご覧ください]

書籍の正誤について

万一，内容に誤りと思われる箇所がございましたら，以下の方法でご確認いただきますようお願いいたします．

なお，正誤のお問合せ以外の書籍の内容に関する解説や受験指導などは**行っておりません**．このようなお問合せにつきましては，お答えいたしかねますので，予めご了承ください．

正誤表の確認方法

最新の正誤表は，弊社Webページに掲載しております．「キーワード検索」などを用いて，書籍詳細ページをご覧ください．
正誤表があるものに関しましては，書影の下の方に正誤表をダウンロードできるリンクが表示されます．表示されないものに関しましては，正誤表がございません．

弊社Webページアドレス
https://www.denkishoin.co.jp/

正誤のお問合せ方法

正誤表がない場合，あるいは当該箇所が掲載されていない場合は，書名，版刷，発行年月日，お客様のお名前，ご連絡先を明記の上，具体的な記載場所とお問合せの内容を添えて，下記のいずれかの方法でお問合せください．
回答まで，時間がかかる場合もございますので，予めご了承ください．

郵送先

〒101-0051
東京都千代田区神田神保町1-3
ミヤタビル2F
㈱電気書院　出版部　正誤問合せ係

FAXで
問い合わせる

ファクス番号　**03-5259-9162**

弊社Webページ右上の「**お問い合わせ**」から
https://www.denkishoin.co.jp/

お電話でのお問合せは，承れません

（2021年6月現在）